小学3年生

単位と図形にぐーんと強くなる

学習指導要領対応

KUMON

目次 (もくじ)

回数		ページ
1	m と cm と mm	4
2	まきじゃく①	6
3	まきじゃく②	7
4	まきじゃく③	8
5	まきじゃく④	9
6	長さしらべ	10
7	km	12
8	km と m①	14
9	km と m②	16
10	きょり	18
11	道のり	20
12	まとめ	22
13	はかり①	24
14	はかり②	26
15	はかり③	28
16	kg	30
17	kg と g①	32

長さ / おもさ

回数		ページ
18	kg と g②	34
19	はかり④	36
20	はかり⑤	38
21	はかり⑥	40
22	t	42
23	t と kg	44
24	まとめ	46
25	km と m, kg と g	48
26	m と mm, L と mL	49
27	まとめ	50
28	小数	52
29	小数 と cm, mm①	54
30	小数 と cm, mm②	56
31	小数 と m, cm①	58
32	小数 と m, cm②	60
33	小数 と kg, g①	62
34	小数 と kg, g②	64

おもさ / キロとミリ / 小数とたんい

この本では、きそのないようより少しむずかしいもんだいには、☆マークをつけています。

回数		ページ
35	小数 と dL, mL ①	66
36	小数 と dL, mL ②	68
37	小数 と L, dL ①	70
38	小数 と L, dL ②	72
39	まとめ	74
40	秒	76
41	分と秒①	78
42	分と秒②	80
43	分と秒③	82
44	○分後	84
45	○分前	86
46	まとめ	88
47	円①	90
48	円②	91
49	円③	92
50	円④	94
51	円⑤	96

小数とたんい
時こくと時間
円と球

回数		ページ
52	コンパス①	98
53	コンパス②	100
54	球①	102
55	球②	104
56	まとめ	106
57	二等辺三角形	108
58	正三角形	110
59	二等辺三角形のかき方	112
60	正三角形のかき方	113
61	円と三角形	114
62	角	116
63	二等辺三角形と角	118
64	正三角形と角	119
65	三角じょうぎと三角形	120
66	まとめ	122
67	3年のまとめ①	124
68	3年のまとめ②	126

円と球
三角形と角

答え……別冊

1 □にあてはまる数を書きましょう。 〔1もん 2点〕

① 1cm = ☐ mm

② 4cm = ☐ mm

③ 7cm = ☐ mm

④ 10cm = ☐ mm

⑤ 20mm = ☐ cm

⑥ 50mm = ☐ cm

⑦ 60mm = ☐ cm

⑧ 80mm = ☐ cm

⑨ 1cm6mm = ☐ mm

⑩ 2cm1mm = ☐ mm

⑪ 2cm5mm = ☐ mm

⑫ 3cm7mm = ☐ mm

⑬ 4cm9mm = ☐ mm

⑭ 5cm3mm = ☐ mm

⑮ 19mm = ☐ cm ☐ mm

⑯ 26mm = ☐ cm ☐ mm

⑰ 34mm = ☐ cm ☐ mm

⑱ 58mm = ☐ cm ☐ mm

2 □にあてはまる数を書きましょう。

① 1m = ＿＿＿ cm

② 3m = ＿＿＿ cm

③ 200cm = ＿＿＿ m

④ 500cm = ＿＿＿ m

⑤ 700cm = ＿＿＿ m

⑥ 1000cm = ＿＿＿ m

⑦ 1m3cm = ＿＿＿ cm

⑧ 1m40cm = ＿＿＿ cm

⑨ 1m78cm = ＿＿＿ cm

⑩ 2m65cm = ＿＿＿ cm

⑪ 3m9cm = ＿＿＿ cm

⑫ 165cm = ＿＿＿ m ＿＿＿ cm

⑬ 205cm = ＿＿＿ m ＿＿＿ cm

⑭ 350cm = ＿＿＿ m ＿＿＿ cm

⑮ 517cm = ＿＿＿ m ＿＿＿ cm

⑯ 694cm = ＿＿＿ m ＿＿＿ cm

1m＝100cm，1cm＝10mm
がきほんになるよ。

とく点

点

答え➡別冊2ページ

おぼえよう

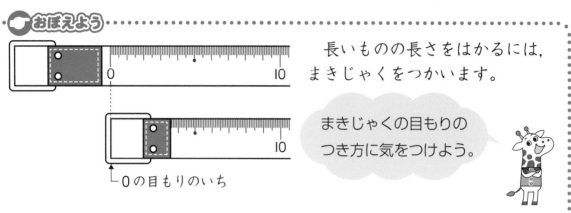

長いものの長さをはかるには，まきじゃくをつかいます。

まきじゃくの目もりのつき方に気をつけよう。

└0の目もりのいち

1 下のまきじゃくの0の目もりのいちは，㋐〜㋒のどれですか。〔50点〕

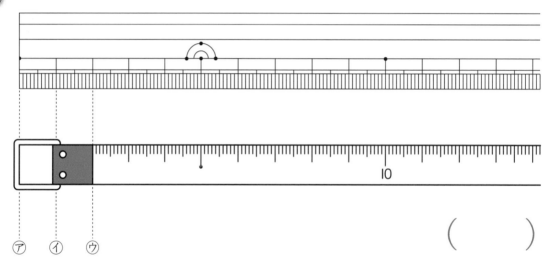

㋐ ㋑ ㋒

( )

2 下のまきじゃくの0の目もりのいちは，㋐〜㋒のどれですか。〔50点〕

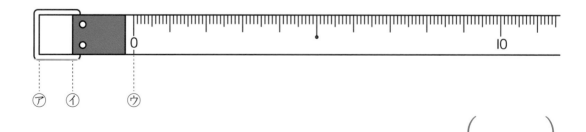

㋐ ㋑ ㋒

( )

3 まきじゃく②

れい

目もりを読みましょう。

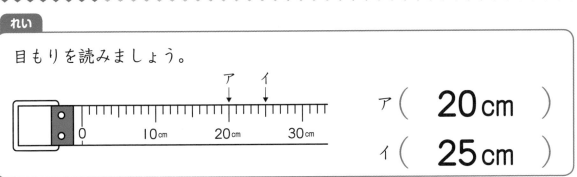

ア（ **20cm** ）

イ（ **25cm** ）

1 つぎのまきじゃくで，ア～オの目もりを読みましょう。 〔1つ 20点〕

①

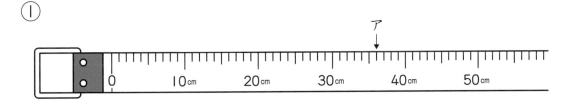

ア（　　　　　）

②

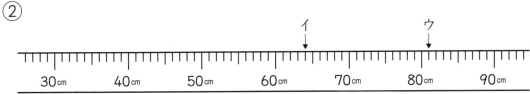

イ（　　　　　）　ウ（　　　　　）

③

エ（　　　　　）　オ（　　　　　）

4 長さ④ まきじゃく③

とく点

点

答え➡別冊2ページ

れい

目もりを読みましょう。

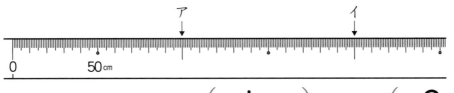

ア （ **1m** ） イ （ **2m** ）

1 つぎのまきじゃくで，ア〜オの目もりを読みましょう。 〔1つ 20点〕

①

2m　　　　　　　　　50　　　　　　　　　ア

ア （　　　　　　　）

②

4m　　　50　　　　　イ　　　　　　　ウ

イ （　　　　　　　）　　ウ （　　　　　　　）

③

エ　　　　　　　　　　　　　　　　オ

8m　　　50

エ （　　　　　　　）　　オ （　　　　　　　）

5 まきじゃく④

長さ⑤

れい

目もりを読みましょう。

ア（ 1m30cm ）　イ（ 1m74cm ）

1　つぎのまきじゃくで，ア～オの目もりを読みましょう。　〔1つ 20点〕

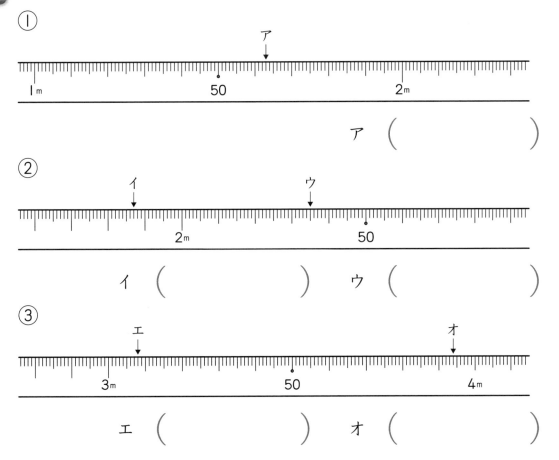

①

ア（　　　　　）

②

イ（　　　　　）　ウ（　　　　　）

③

エ（　　　　　）　オ（　　　　　）

6 長さしらべ

とく点

点

答え➡別冊2ページ

 おぼえよう

〔まきじゃくのべんりなところ〕

・長いところの長さがはかれる。　・まるいものの長さがはかれる。

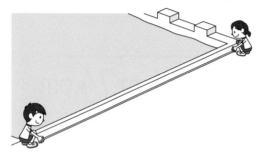 

1 つぎの長さをはかるには，⑦～⑦のどれをつかうといちばんべんりですか。

〔1もん　10点〕

| ⑦　30cmのものさし　　⑦　1mのものさし　　⑦　まきじゃく |

① 本のたての長さ

（　⑦　）

② つくえのよこの長さ

（　　）

③ 教室のたての長さ

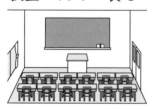

（　　）

④ えんぴつの長さ

（　　）

2 つぎの長さをはかるには，⑦〜⑦のどれをつかうといちばんべんりですか。

〔1もん　10点〕

⑦　30cmのものさし　　⑦　1mのものさし　　⑦　まきじゃく

① ポットのまわりの長さ　　　② じてんのあつさ

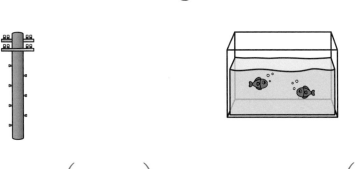

（　　　）　　　　　　　　　　　　（　　　）

③ 電ちゅうのまわりの長さ　　　④ 水そうのよこの長さ

（　　　）　　　　　　　　　　　　（　　　）

⑤ はがきのたての長さ　　　　　⑥ 走りはばとびの記ろく

（　　　）　　　　　　　　　　　　（　　　）

7 長さ⑦

km

とく点

点

答え➡別冊2ページ

 おぼえよう

$$1\,km = 1000\,m$$

1000m を, 1キロメートルといい, 1km と書きます。

れい

$$2\,km = 2000\,m \qquad 5\,km = 5000\,m$$

□にあてはまる数を書きましょう。　　　　〔1もん　2点〕

① 3km = [　　　] m　　　② 4km = [　　　] m

③ 1km = [　　　] m　　　④ 7km = [　　　] m

⑤ 8km = [　　　] m　　　⑥ 2km = [　　　] m

⑦ 6km = [　　　] m　　　⑧ 9km = [　　　] m

⑨ 5km = [　　　] m

⑩ 7km = [　　　] m

$$1000m = 1km \qquad 5000m = 5km$$

2 □にあてはまる数を書きましょう。 〔1もん 4点〕

① 3000m = □ km ② 9000m = □ km

③ 6000m = □ km ④ 8000m = □ km

⑤ 2000m = □ km ⑥ 1000m = □ km

⑦ 7000m = □ km ⑧ 4000m = □ km

3 □にあてはまる数を書きましょう。 〔1もん 8点〕

① 8km = □ m ② 8000m = □ km

③ 5km = □ m ④ 3000m = □ km

⑤ 9000m = □ km ⑥ 7km = □ m

8 長さ⑧ kmとm①

とく点　　点

答え➡別冊3ページ

れい

1km500m ＝ 1500m

3km200m ＝ 3200m

1 □にあてはまる数を書きましょう。〔1もん　4点〕

① 2km500m ＝ □ m

② 2km800m ＝ □ m

③ 6km600m ＝ □ m

④ 4km100m ＝ □ m

⑤ 7km900m ＝ □ m

⑥ 9km700m ＝ □ m

⑦ 5km300m ＝ □ m

れい

$$1\,km\,50\,m = 1050\,m$$
$$1\,km\,5\,m = 1005\,m$$

2 □にあてはまる数を書きましょう。　　　〔1もん　8点〕

① 3km50m = □ m

② 3km55m = □ m

③ 3km550m = □ m

④ 2km7m = □ m

⑤ 2km407m = □ m

⑥ 5km320m = □ m

⑦ 9km40m = □ m

⑧ 9km983m = □ m

⑨ 9km32m = □ m

9 km と m ②

とく点

点

答え➡別冊3ページ

れい

$$1300m = 1km300m$$
$$3700m = 3km700m$$

1000m = 1km
をつかおう。

1 □にあてはまる数を書きましょう。 〔1もん　4点〕

① 1800m = ☐ km ☐ m

② 2100m = ☐ km ☐ m

③ 4600m = ☐ km ☐ m

④ 6300m = ☐ km ☐ m

⑤ 3900m = ☐ km ☐ m

⑥ 5700m = ☐ km ☐ m

⑦ 8500m = ☐ km ☐ m

$$1070m = 1km70m$$
$$1007m = 1km7m$$

2 □にあてはまる数を書きましょう。 〔1もん 8点〕

① 2080m = ☐ km ☐ m

② 3005m = ☐ km ☐ m

③ 1361m = ☐ km ☐ m

④ 6043m = ☐ km ☐ m

⑤ 8194m = ☐ km ☐ m

⑥ 4002m = ☐ km ☐ m

⑦ 5057m = ☐ km ☐ m

⑧ 7938m = ☐ km ☐ m

⑨ 9006m = ☐ km ☐ m

10 長さ⑩ きょり

おぼえよう

　まっすぐにはかった長さを**きょり**といいます。

　　あきらさんの家から
　　学校までのきょり

（**450m**）

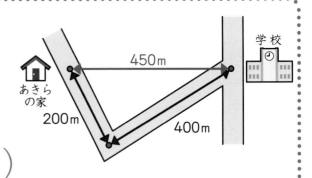

1 下の絵地図を見て答えましょう。　〔1もん　20点〕

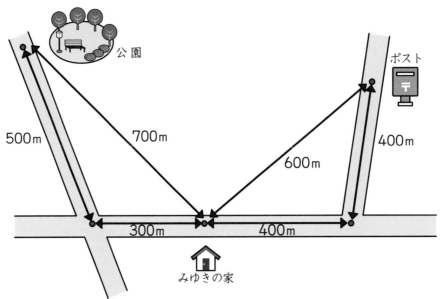

① みゆきさんの家からポストまでのきょりは何mですか。

（　　　　　　　　）

② みゆきさんの家から公園までのきょりは何mですか。

（　　　　　　　　）

下の絵地図を見て答えましょう。　　　　　　〔1もん　15点〕

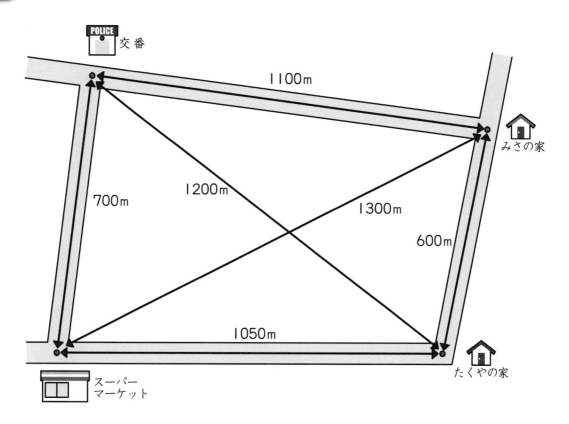

① みささんの家からスーパーマーケットまでのきょりは何mですか。

（　　　　　　）

② ①は何km何mですか。

（　　　　　　）

③ たくやさんの家から交番までのきょりは何mですか。

（　　　　　　）

④ ③は何km何mですか。

（　　　　　　）

11 道のり

🐁おぼえよう

道にそってはかった長さを**道のり**と
いいます。

ゆうきさんの家からバスてい
までの道のり

（ **550m** ）

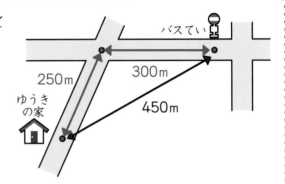

 下の絵地図を見て答えましょう。　　　〔1もん　20点〕

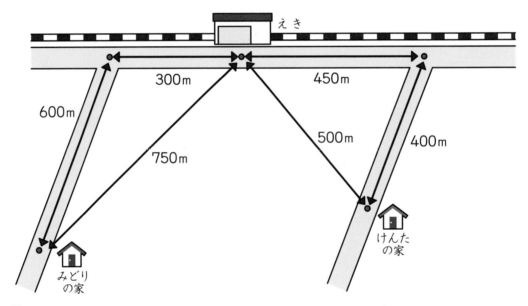

① みどりさんの家からえきまでの道のりは何mですか。

（　　　　　）

② けんたさんの家からえきまでの道のりは何mですか。

（　　　　　）

下の絵地図を見て答えましょう。 〔1もん 15点〕

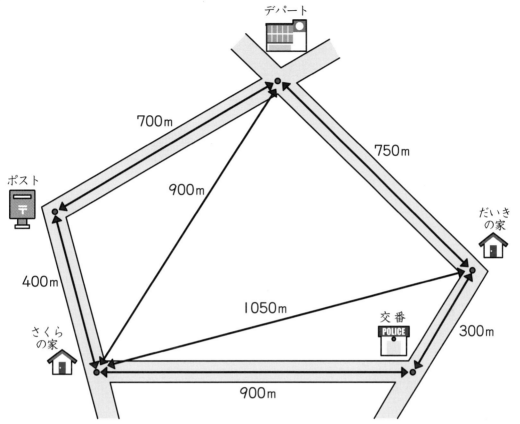

① だいきさんの家から，交番の前を通ってさくらさんの家まで行くと
きの道のりは何km何mですか。 （　　　　　　）

② さくらさんの家から，ポストの前を通ってデパートまで行くときの
道のりは何km何mですか。 （　　　　　　）

☆③ ①と，だいきさんの家からさくらさんの家までのきょりとのちがい
は何mですか。 （　　　　　　）

☆④ ②と，さくらさんの家からデパートまでのきょりとのちがいは何m
ですか。 （　　　　　　）

12 まとめ

1 □にあてはまることばを書きましょう。 〔1もん　5点〕

① 道にそってはかった長さを ⬚ といいます。

② まっすぐにはかった長さを ⬚ といいます。

2 つぎのまきじゃくで，ア〜カの目もりを読みましょう。 〔1つ　5点〕

①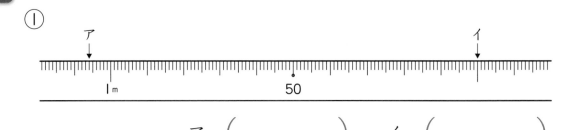

ア （　　　　　） イ （　　　　　）

②

ウ （　　　　　） エ （　　　　　）

③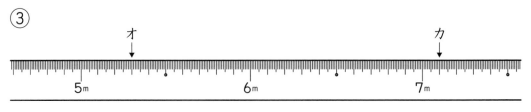

オ （　　　　　） カ （　　　　　）

3 □にあてはまる数を書きましょう。　　　〔1もん　4点〕

① 1km = ☐ m

② 5km = ☐ m

③ 4km = ☐ m

④ 9km = ☐ m

⑤ 3000m = ☐ km

⑥ 7000m = ☐ km

⑦ 2000m = ☐ km

⑧ 8000m = ☐ km

⑨ 1km300m = ☐ m

⑩ 4km800m = ☐ m

⑪ 2km750m = ☐ m

⑫ 7km3m = ☐ m

⑬ 5200m = ☐ km ☐ m

⑭ 3041m = ☐ km ☐ m

⑮ 8009m = ☐ km ☐ m

おもさ①
はかり①

おぼえよう

おもさははかりをつかってはかります。
おもさのたんいには**グラム**があり，**g**と
書きます。

1円玉1このおもさが
1gだよ。

1 はかりのはりがさしているおもさを書きましょう。 〔1もん 10点〕

①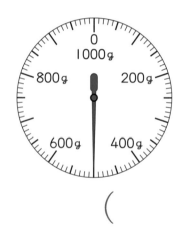

(200g)

②

(   )

③

(   )

④

(   )

はかりのはりがさしているおもさを書きましょう。　　〔1もん　10点〕

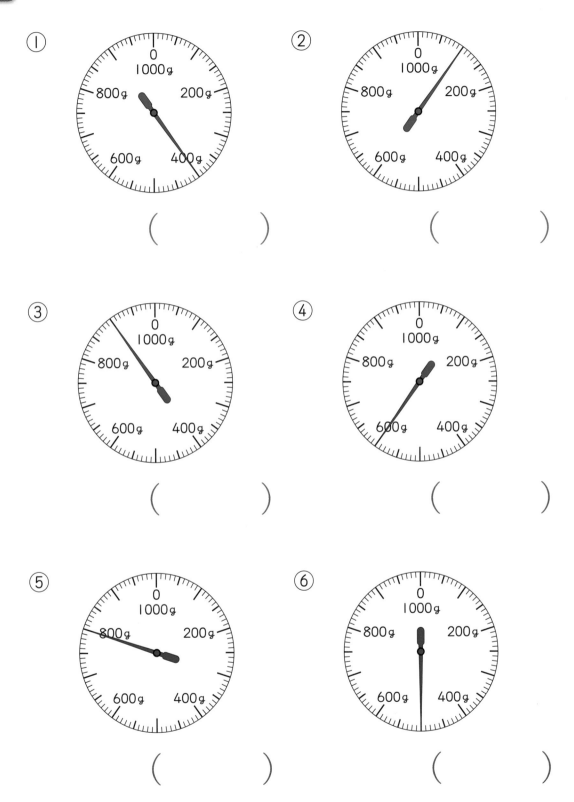

① (　　　　　　)

② (　　　　　　)

③ (　　　　　　)

④ (　　　　　　)

⑤ (　　　　　　)

⑥ (　　　　　　)

れい

このはかりの1目もり
は10gです。

(350g)

(620g)

1 はかりのはりがさしているおもさを書きましょう。 〔1もん 10点〕

①

( )

②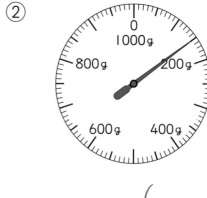

( )

③

( )

④

( )

はかりのはりがさしているおもさを書きましょう。　　　〔1もん　10点〕

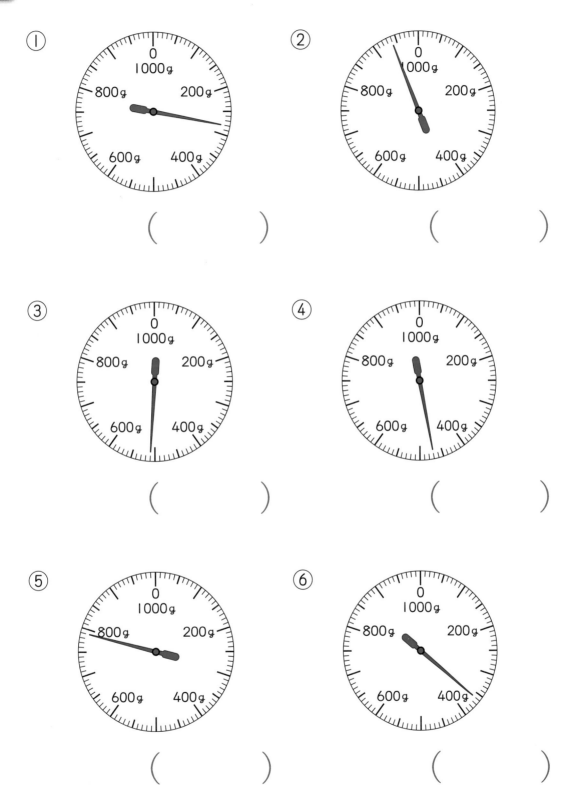

① (　　　　　)

② (　　　　　)

③ (　　　　　)

④ (　　　　　)

⑤ (　　　　　)

⑥ (　　　　　)

とく点

点

答え➡別冊4ページ

おぼえよう

・このはかりの１目もりは10gです。

・1000g を 1kg といい，１キログラム
　と読みます。

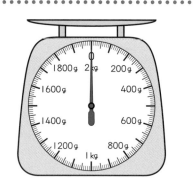

1 はかりのはりがさしているおもさを書きましょう。　　〔1もん　10点〕

①

(10g)

②

( )

③

( )

④

( )

2 はかりのはりがさしているおもさを書きましょう。 〔1もん 10点〕

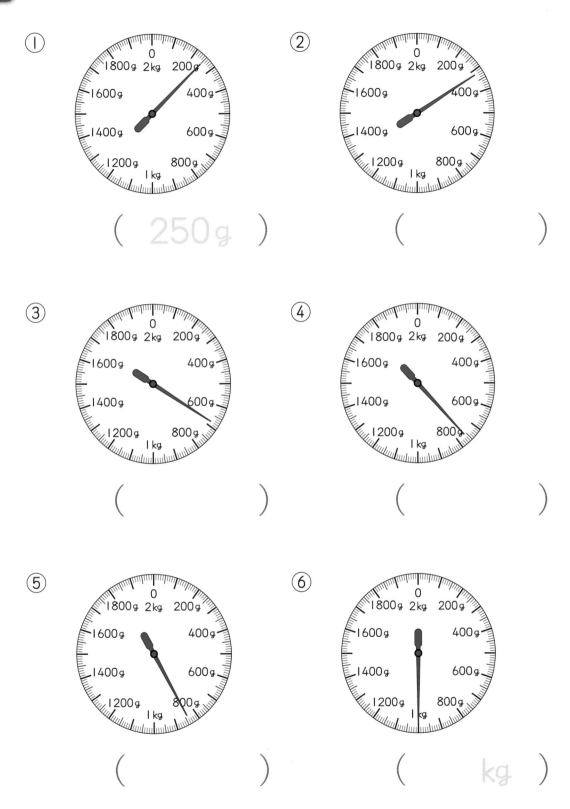

① (250g)

② ( )

③ ( )

④ ( )

⑤ ( )

⑥ (kg)

 **おぼえよう**

$$1kg = 1000g$$

水1Lのおもさが
1kgだよ。

れい

$$2kg = 2000g \qquad 5kg = 5000g$$

 1 □にあてはまる数を書きましょう。　　　　　〔1もん　4点〕

① 3kg = ⬚ g　　② 7kg = ⬚ g

③ 6kg = ⬚ g　　④ 1kg = ⬚ g

⑤ 4kg = ⬚ g　　⑥ 5kg = ⬚ g

⑦ 9kg = ⬚ g　　⑧ 8kg = ⬚ g

⑨ 2kg = ⬚ g

$$2000g = 2kg \qquad 5000g = 5kg$$

2 □にあてはまる数を書きましょう。 〔1もん 4点〕

① 1000g = □ kg　　② 4000g = □ kg

③ 7000g = □ kg　　④ 3000g = □ kg

⑤ 6000g = □ kg　　⑥ 9000g = □ kg

3 □にあてはまる数を書きましょう。 〔1もん 5点〕

① 1kg = □ g　　② 5000g = □ kg

③ 8000g = □ kg　　④ 6kg = □ g

⑤ 9kg = □ g　　⑥ 2000g = □ kg

⑦ 7kg = □ g　　⑧ 4000g = □ kg

おもさ⑤

kg と g ①

れい

$$1 \text{kg} \, 200 \text{g} = 1200 \text{g}$$
$$2 \text{kg} \, 700 \text{g} = 2700 \text{g}$$

1kg = 1000g
をつかおう。

1 □にあてはまる数を書きましょう。 〔1もん 8点〕

① 1kg400g = ☐ g

② 3kg600g = ☐ g

③ 2kg900g = ☐ g

④ 5kg100g = ☐ g

⑤ 1kg800g = ☐ g

⑥ 7kg200g = ☐ g

⑦ 4kg500g = ☐ g

⑧ 8kg300g = ☐ g

$$1\,kg\,50\,g = 1050\,g$$

$$1\,kg\,5\,g = 1005\,g$$

2 □にあてはまる数を書きましょう。 〔1もん 4点〕

① 1 kg 80 g = ☐ g

② 4 kg 5 g = ☐ g

③ 3 kg 762 g = ☐ g

④ 2 kg 18 g = ☐ g

⑤ 5 kg 41 g = ☐ g

⑥ 7 kg 9 g = ☐ g

⑦ 6 kg 160 g = ☐ g

⑧ 8 kg 57 g = ☐ g

⑨ 3 kg 630 g = ☐ g

18 おもさ⑥
kg と g②

とく点
点
答え➡別冊4ページ

れい

1600g ＝ 1kg600g
3500g ＝ 3kg500g

1 □にあてはまる数を書きましょう。〔1もん　8点〕

① 1500g ＝ □kg □g

② 2400g ＝ □kg □g

③ 3600g ＝ □kg □g

④ 6100g ＝ □kg □g

⑤ 4800g ＝ □kg □g

⑥ 5200g ＝ □kg □g

⑦ 8900g ＝ □kg □g

⑧ 7300g ＝ □kg □g

$$2030\,g = 2\,kg\,30\,g$$

$$2003\,g = 2\,kg\,3\,g$$

2 □にあてはまる数を書きましょう。　　　　〔1もん　4点〕

① 1070g = ▢ kg ▢ g

② 3001g = ▢ kg ▢ g

③ 4160g = ▢ kg ▢ g

④ 5093g = ▢ kg ▢ g

⑤ 2605g = ▢ kg ▢ g

⑥ 7009g = ▢ kg ▢ g

⑦ 1020g = ▢ kg ▢ g

⑧ 3947g = ▢ kg ▢ g

⑨ 4018g = ▢ kg ▢ g

はかり④

 れい

このはかりの1目もりは10gです。

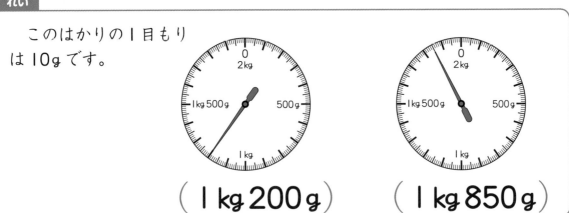

（ 1kg 200g ）　　（ 1kg 850g ）

1 はかりのはりがさしているおもさは何kg何gですか。〔1もん 10点〕

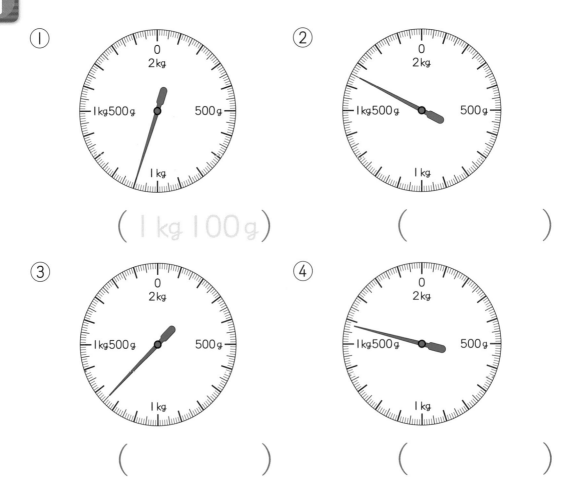

①

（ 1kg 100g ）

②

（　　　　　）

③

（　　　　　）

④

（　　　　　）

このはかりの1目もり
は20gです。

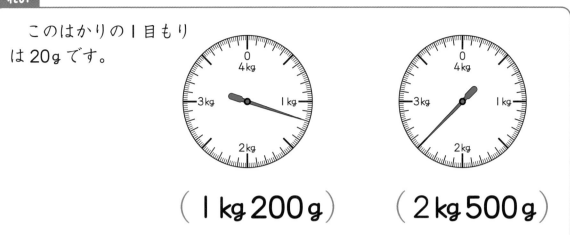

(1kg200g)　(2kg500g)

2 はかりのはりがさしているおもさは何kg何gですか。　〔1もん　15点〕

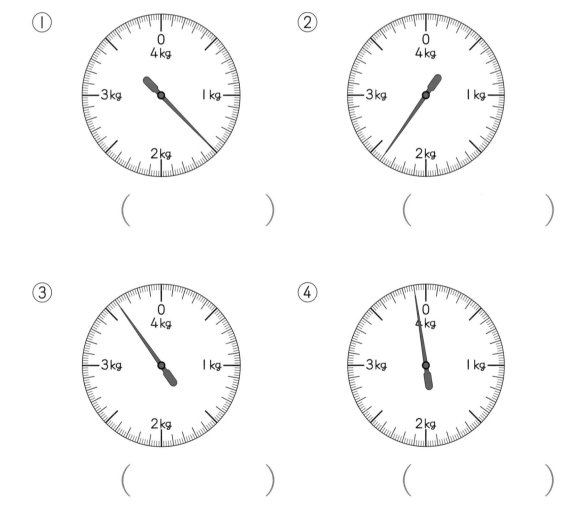

①　　　　　　　　　　　　②

（　　　　　　　）　　（　　　　　　　）

③　　　　　　　　　　　　④

（　　　　　　　）　　（　　　　　　　）

れい

体重計が
さしている
おもさを読
みましょう。

どちらの体重計も，１目もりは500gです。

（ **43kg** ）

（ **41kg 500g** ）

体重計がさしているおもさを書きましょう。

〔1もん　10点〕

①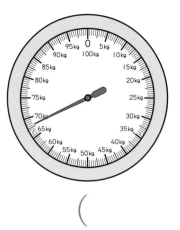

（　　　　　）

②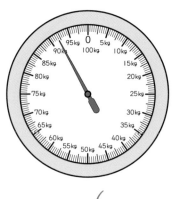

（　　　　　）

③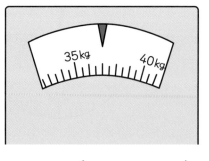

（　　　　　）

④

（　　　　　）

2 体重計がさしているおもさを書きましょう。　〔1もん　10点〕

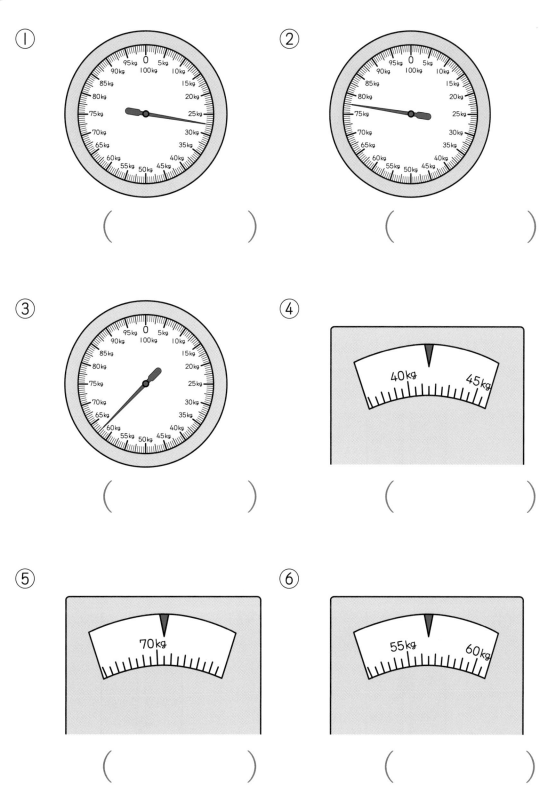

①　（　　　　　　　）

②　（　　　　　　　）

③　（　　　　　　　）

④　（　　　　　　　）

⑤　（　　　　　　　）

⑥　（　　　　　　　）

はかり⑥

れい

ばねばかりが
さしているおもさ
を読みましょう。

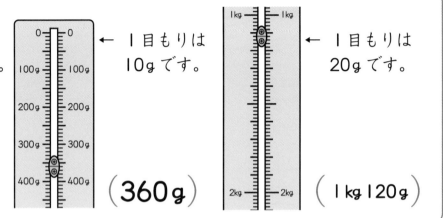

← 1目もりは
10g です。

（ **360g** ）

← 1目もりは
20g です。

（ **1kg120g** ）

---

1 ばねばかりがさしているおもさを書きましょう。　　〔1もん　10点〕

① 　　　　　　　　　　　　　　　　②

（　　　　　　　）　　　　　　　　（　　　　　　　）

③ 　　　　　　　　　　　　　　　　④

（　　　　　　　）　　　　　　　　（　　　　　　　）

2 ばねばかりがさしているおもさを書きましょう。 〔1もん 10点〕

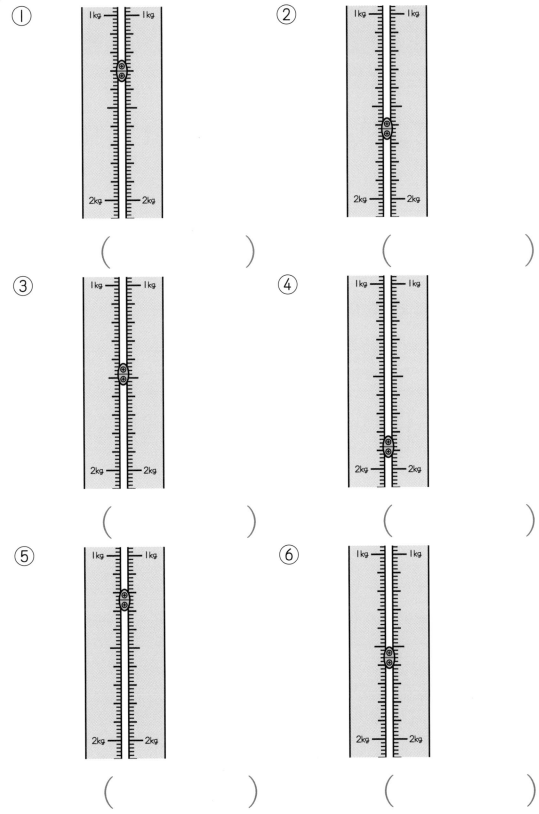

① ( )

② ( )

③ ( )

④ ( )

⑤ ( )

⑥ ( )

おもさ⑩
t

おぼえよう

　とてもおもいもののおもさをあらわすたんいに，トンがあり，**t** と書きます。

$$1t = 1000kg$$

れい

$$2t = 2000kg \qquad 5t = 5000kg$$

□にあてはまる数を書きましょう。　　〔1もん　3点〕

① 3t = ☐ kg

② 6t = ☐ kg

③ 7t = ☐ kg

④ 1t = ☐ kg

⑤ 4t = ☐ kg

⑥ 2t = ☐ kg

⑦ 9t = ☐ kg

⑧ 5t = ☐ kg

⑨ 8t = ☐ kg

⑩ 10t = ☐ kg

$$3000 kg = 3 t \qquad 6000 kg = 6 t$$

2 □にあてはまる数を書きましょう。　〔1もん　5点〕

① 2000kg = □ t

② 7000kg = □ t

③ 4000kg = □ t

④ 1000kg = □ t

⑤ 9000kg = □ t

⑥ 5000kg = □ t

3 □にあてはまる数を書きましょう。　〔1もん　5点〕

① 8000kg = □ t

② 3t = □ kg

③ 9t = □ kg

④ 2000kg = □ t

⑤ 4t = □ kg

⑥ 6000kg = □ t

⑦ 7000kg = □ t

⑧ 5t = □ kg

れい

$$1t300kg = 1300kg$$
$$3t560kg = 3560kg$$

1t = 1000kg
をつかおう。

1 □にあてはまる数を書きましょう。　　　〔1もん　6点〕

① 1t800kg = ☐ kg

② 3t150kg = ☐ kg

③ 2t400kg = ☐ kg

④ 4t623kg = ☐ kg

⑤ 5t900kg = ☐ kg

⑥ 6t200kg = ☐ kg

⑦ 8t700kg = ☐ ky

⑧ 7t514kg = ☐ kg

$$1t90kg = 1090kg \qquad 1t9kg = 1009kg$$

2 □にあてはまる数を書きましょう。 〔1もん 6点〕

① 3t10kg = ☐ kg

② 1t5kg = ☐ kg

③ 4t36kg = ☐ kg

④ 2t8kg = ☐ kg

$$1640kg = 1t640kg \qquad 1064kg = 1t64kg$$

3 □にあてはまる数を書きましょう。 〔1もん 7点〕

① 3150kg = ☐ t ☐ kg

② 1092kg = ☐ t ☐ kg

③ 4008kg = ☐ t ☐ kg

④ 2704kg = ☐ t ☐ kg

24 おもさ⑫ まとめ

とく点

点

答え➡別冊6ページ

1 はかりのはりがさしているおもさを書きましょう。　　〔1もん　5点〕

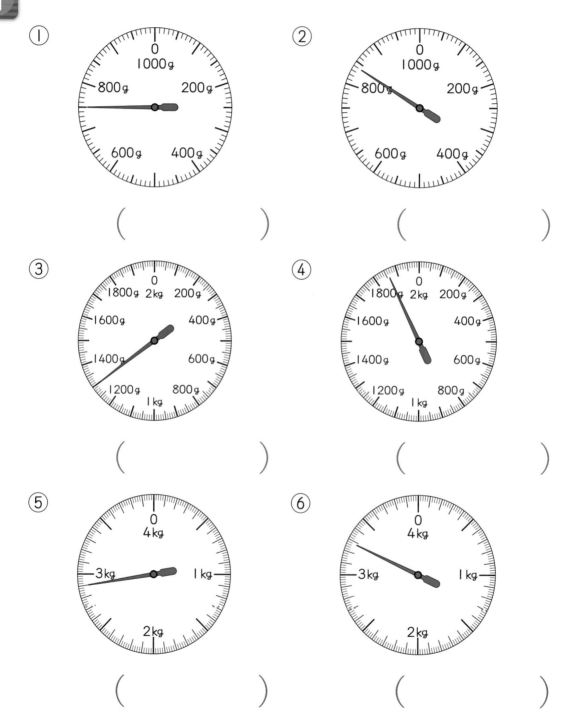

① (　　　　　　)

② (　　　　　　)

③ (　　　　　　)

④ (　　　　　　)

⑤ (　　　　　　)

⑥ (　　　　　　)

□にあてはまる数を書きましょう。　　　　　〔1もん　5点〕

① 4kg ＝ □ g

② 7kg ＝ □ g

③ 8000g ＝ □ kg

④ 5000g ＝ □ kg

⑤ 2kg400g ＝ □ g

⑥ 7kg60g ＝ □ g

⑦ 6300g ＝ □ kg □ g

⑧ 4075g ＝ □ kg □ g

⑨ 1t ＝ □ kg

⑩ 3000kg ＝ □ t

⑪ 2t300kg ＝ □ kg

⑫ 4t10kg ＝ □ kg

⑬ 3964kg ＝ □ t □ kg

⑭ 5009kg ＝ □ t □ kg

キロとミリ①
km と m, kg と g

🔑 おぼえよう

1mや1gを1000こあつめると，
m（メートル）やg（グラム）にk（キロ）
ということばがついて，それぞれ1km，
1kgになります。k（キロ）がつくと
1000倍になります。

1000こ（1000倍）

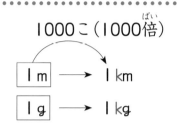

1m ⟶ 1km

1g ⟶ 1kg

 □にあてはまる数を書きましょう。 〔1もん　12点〕

① 1km = ⬚ m　　② 1kg = ⬚ g

③ 1kmは1mを ⬚ こあつめた長さです。

④ 1kgは1gを ⬚ こあつめたおもさです。

⑤ 1kmは ⬚ mを1000こあつめた長さです。

⑥ 1kgは ⬚ gを1000こあつめたおもさです。

2 □にあてはまるたんいを書きましょう。 〔1もん　14点〕

① 1mを1000こあつめると1 ⬚ です。

② 1gを1000こあつめると1 ⬚ です。

おぼえよう

1mmや1mLのように, m(ミリ)ということばがつくたんいの長さやかさを1000こあつめると, それぞれm(ミリ)がとれて1m, 1Lになります。

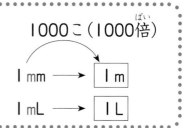

1000こ(1000倍)

1mm ⟶ 1m

1mL ⟶ 1L

1 □にあてはまる数を書きましょう。　　〔1もん　12点〕

① 1m = [　　　] mm　　　② 1L = [　　　] mL

③ 1mは1mmを [　　　] こあつめた長さです。

④ 1Lは1mLを [　　　] こあつめたかさです。

⑤ 1mは [　　] mmを1000こあつめた長さです。

⑥ 1Lは [　　] mLを1000こあつめたかさです。

2 □にあてはまるたんいを書きましょう。　　〔1もん　14点〕

① 1mmを1000こあつめると1 [　　] です。

② 1mLを1000こあつめると1 [　　] です。

1 □にあてはまる数を書きましょう。 〔1もん 4点〕

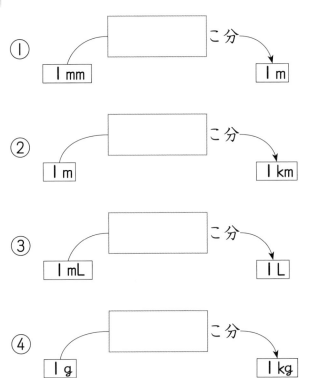

① 1mm ──〔　　〕こ分── 1m

② 1m ──〔　　〕こ分── 1km

③ 1mL ──〔　　〕こ分── 1L

④ 1g ──〔　　〕こ分── 1kg

2 □にあてはまるたんいを書きましょう。 〔1もん 5点〕

① 1gを1000こあつめたおもさは, 1 〔　　〕です。

② 1mを1000こあつめた長さは, 1 〔　　〕です。

③ 1mLを1000こあつめたかさは, 1 〔　　〕です。

④ 1mmを1000こあつめた長さは, 1 〔　　〕です。

3 □にあてはまる数を書きましょう。　　　　　　〔1もん　4点〕

① 1000g = [　　] kg

② 1 L = [　　　　] mL

③ 1 km = [　　　　] m

④ 1 m = [　　　　] mm

⑤ 1000mL = [　] L

⑥ 1000mm = [　] m

⑦ 1000m = [　] km

⑧ 1 kg = [　　　　] g

4 □にあてはまるたんいを書きましょう。　　　　　〔1もん　4点〕

① 1000mL = 1 [　　]

② 1 [　　] = 1000g

③ 1 [　　] = 1000m

④ 1000mm = 1 [　　]

⑤ 1 L = 1000 [　　]

⑥ 1000 [　　] = 1 km

⑦ 1 m = 1000 [　　]

⑧ 1000 [　　] = 1 kg

28 小数

とく点

点

答え➡別冊6ページ

おぼえよう

・1.8，0.5などの数を**小数**といい，
　「.」を**小数点**といいます。

・小数点の右の位を$\frac{1}{10}$の位，
　または**小数第1位**といいます。

・0，3，29などの数を**整数**といいます。

1．8

- … 一の位
- 小数点
- $\frac{1}{10}$の位
- （小数第1位）

1 つぎの数が小数ならば○，整数ならば×を□に書きましょう。

〔1もん　4点〕

① 1　□　　② 0.1　□　　③ 19　□

④ 6.3　□　　⑤ 2.7　□　　⑥ 0　□

⑦ 104　□　　⑧ 3.5　□　　⑨ 9.6　□

2 □にあてはまる数を書きましょう。

〔1つ　4点〕

① ─ 0.8 ─ 0.9 ─ □ ─ □ ─ 1.2 ─

② ─ □ ─ 4.1 ─ □ ─ 3.9 ─ 3.8 ─

3 下の数直線でア～カのあらわしている数を書きましょう。　〔1つ　4点〕

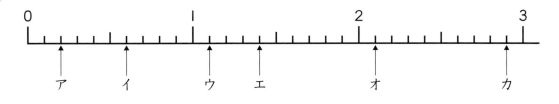

ア （ 0.2 ）　　　イ （　　　　 ）

ウ （　　　　 ）　　　エ （　　　　 ）

オ （　　　　 ）　　　カ （　　　　 ）

4 □にあてはまる数を書きましょう。　　　　　〔1もん　4点〕

① 3.8は，3と | 0.8 | をあわせた数です。

② 3.8は，3と0.1を | 　 | こあわせた数です。

③ 3.8は，4より | 　 | 小さい数です。

④ 3.8は， | 　 | と0.8をあわせた数です。

⑤ 3.8は，1を | 　 | ことと0.8をあわせた数です。

⑥ 3.8は，0.1を | 　 | こあつめた数です。

🔶おぼえよう

1cm を10等分した1つ分の長さを0.1cm と書き、「れい点一センチメートル」と読みます。

$$0.1\,cm = 1\,mm$$

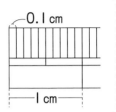

れい

$$0.3\,cm = 3\,mm \qquad 0.5\,cm = 5\,mm$$

1 □にあてはまる数を書きましょう。　〔1もん　5点〕

① 0.2cm = ☐ mm

② 0.7cm = ☐ mm

③ 0.4cm = ☐ mm

④ 0.1cm = ☐ mm

⑤ 0.9cm = ☐ mm

⑥ 0.6cm = ☐ mm

☆**2** □にあてはまる数を書きましょう。　〔1もん　5点〕

① 0.1cm の5こ分の長さは ☐ mm です。

② 0.1cm の8こ分の長さは ☐ mm です。

$$1\,\text{mm} = 0.1\,\text{cm} \qquad 7\,\text{mm} = 0.7\,\text{cm}$$

3 □にあてはまる数を書きましょう。 〔1もん　5点〕

① 3mm = ☐ cm　　② 8mm = ☐ cm

③ 1mm = ☐ cm　　④ 5mm = ☐ cm

⑤ 9mm = ☐ cm　　⑥ 4mm = ☐ cm

⑦ 6mm = ☐ cm　　⑧ 2mm = ☐ cm

4 □にあてはまる数を書きましょう。 〔1もん　5点〕

① 5mm は, 0.1cm の 5 こ分の長さで, ☐ cm です。

② 8mm は, 0.1cm の 8 こ分の長さで, ☐ cm です。

③ 4mm は, 0.1cm の 4 こ分の長さで, ☐ cm です。

④ 7mm は, 0.1cm の 7 こ分の長さで, ☐ cm です。

30 小数と cm，mm②

とく点

点

答え➡別冊7ページ

> **れい**
>
> 1.2cm ＝ 12mm   3.5cm ＝ 35mm

 1　□にあてはまる数を書きましょう。　　　　　　〔1もん　5点〕

① 1.4cm ＝ □ mm

② 3.1cm ＝ □ mm

③ 2.9cm ＝ □ mm

④ 5.7cm ＝ □ mm

⑤ 4.6cm ＝ □ mm

⑥ 8.8cm ＝ □ mm

2　□にあてはまる数を書きましょう。　　　　　　〔1もん　5点〕

① 1.9cm ＝ 1 cm 9 mm

② 6.3cm ＝ □ cm □ mm

③ 3.2cm ＝ □ cm □ mm

$$16\,\text{mm} = 1.6\,\text{cm} \qquad 29\,\text{mm} = 2.9\,\text{cm}$$

 □にあてはまる数を書きましょう。　　　〔1もん　5点〕

① 17mm = ☐ cm　　② 41mm = ☐ cm

③ 54mm = ☐ cm　　④ 82mm = ☐ cm

⑤ 35mm = ☐ cm　　⑥ 68mm = ☐ cm

⑦ 23mm = ☐ cm　　⑧ 76mm = ☐ cm

 □にあてはまる数を書きましょう。　　　〔1もん　5点〕

① 12mm は, 0.1cm の12こ分の長さで, ☐ cm です。

② 48mm は, 0.1cm の48こ分の長さで, ☐ cm です。

③ 31mm は, 0.1cm の31こ分の長さで, ☐ cm です。

31 小数とたんい④ 小数とm，cm①

おぼえよう

　1mを10等分した1つ分の長さを0.1m と書き，「れい点一メートル」と読みます。

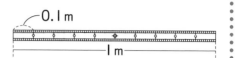

0.1m

1m

$$0.1m = 10cm$$

れい

$$0.4m = 40cm \qquad 0.7m = 70cm$$

1 □にあてはまる数を書きましょう。 〔1もん　5点〕

① 0.2m = ☐ cm　　② 0.8m = ☐ cm

③ 0.5m = ☐ cm　　④ 0.9m = ☐ cm

⑤ 0.6m = ☐ cm　　⑥ 0.3m = ☐ cm

2 □にあてはまる数を書きましょう。 〔1もん　5点〕

① 0.1mの7こ分の長さは ☐ cmです。

② 0.1mの3こ分の長さは ☐ cmです。

$$10\text{cm} = 0.1\text{m} \qquad 40\text{cm} = 0.4\text{m}$$

 □にあてはまる数を書きましょう。　　　〔1もん　5点〕

① 50cm = [　　　] m　　　② 80cm = [　　　] m

③ 30cm = [　　　] m　　　④ 20cm = [　　　] m

⑤ 70cm = [　　　] m　　　⑥ 90cm = [　　　] m

⑦ 40cm = [　　　] m　　　⑧ 60cm = [　　　] m

 □にあてはまる数を書きましょう。　　　〔1もん　5点〕

① 80cmは，0.1mの8こ分の長さで，[　　　] mです。

② 40cmは，0.1mの4こ分の長さで，[　　　] mです。

③ 90cmは，0.1mの9こ分の長さで，[　　　] mです。

④ 60cmは，0.1mの6こ分の長さで，[　　　] mです。

れい

$$1.6m = 160\,cm \qquad 3.5m = 350\,cm$$

1 □にあてはまる数を書きましょう。 〔1もん 4点〕

① 1.3m = ▢ cm

② 2.8m = ▢ cm

③ 4.2m = ▢ cm

④ 6.9m = ▢ cm

⑤ 3.7m = ▢ cm

⑥ 5.1m = ▢ cm

2 □にあてはまる数を書きましょう。 〔1もん 4点〕

① 2.4m = 2 m 40 cm

② 1.5m = ▢ m ▢ cm

③ 4.7m = ▢ m ▢ cm

④ 5.2m = ▢ m ▢ cm

⑤ 3.9m = ▢ m ▢ cm

⑥ 6.1m = ▢ m ▢ cm

$$130\,\text{cm} = 1.3\,\text{m} \qquad 290\,\text{cm} = 2.9\,\text{m}$$

 □にあてはまる数を書きましょう。　　　　　〔1もん　5点〕

① 180cm = [　　　] m

② 350cm = [　　　] m

③ 620cm = [　　　] m

④ 470cm = [　　　] m

⑤ 210cm = [　　　] m

⑥ 560cm = [　　　] m

⑦ 990cm = [　　　] m

⑧ 740cm = [　　　] m

 □にあてはまる数を書きましょう。　　　　　〔1もん　4点〕

① 250cmは, 0.1mの25こ分の長さで, [　　　] mです。

② 380cmは, 0.1mの38こ分の長さで, [　　　] mです。

③ 430cmは, 0.1mの43こ分の長さで, [　　　] mです。

小数と kg, g ①

おぼえよう

　1kg を10等分した1つ分の重さを 0.1kg と書き,「れい点一キログラム」と読みます。

$$0.1kg = 100g$$

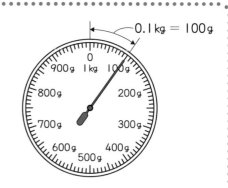

0.1kg = 100g

れい

| 0.3kg = 300g | 0.6kg = 600g |

1 □にあてはまる数を書きましょう。　　〔1もん　5点〕

① 0.2kg = ☐ g

② 0.7kg = ☐ g

③ 0.4kg = ☐ g

④ 0.9kg = ☐ g

⑤ 0.1kg = ☐ g

⑥ 0.5kg = ☐ g

☆**2** □にあてはまる数を書きましょう。　　〔1もん　5点〕

① 0.1kg の 3 こ分のおもさは ☐ g です。

② 0.1kg の 8 こ分のおもさは ☐ g です。

れい

$$100g = 0.1 \, kg \qquad 700g = 0.7 \, kg$$

3 □にあてはまる数を書きましょう。　　　　　　〔1もん　5点〕

① 200g = ☐ kg　　　　② 500g = ☐ kg

③ 400g = ☐ kg　　　　④ 900g = ☐ kg

⑤ 300g = ☐ kg　　　　⑥ 800g = ☐ kg

⑦ 600g = ☐ kg　　　　⑧ 100g = ☐ kg

4 □にあてはまる数を書きましょう。　　　　　　〔1もん　5点〕

① 700g は, 0.1kg の7こ分のおもさで, ☐ kg です。

② 400g は, 0.1kg の4こ分のおもさで, ☐ kg です。

③ 900g は, 0.1kg の9こ分のおもさで, ☐ kg です。

④ 600g は, 0.1kg の6こ分のおもさで, ☐ kg です。

34 小数と kg, g ②

とく点

点

答え➡別冊8ページ

れい

$$1.4kg = 1400g \qquad 2.7kg = 2700g$$

1 □にあてはまる数を書きましょう。 〔1もん 5点〕

① 1.1kg = ☐ g   ② 2.4kg = ☐ g

③ 4.8kg = ☐ g   ④ 5.3kg = ☐ g

⑤ 3.9kg = ☐ g   ⑥ 7.5kg = ☐ g

2 □にあてはまる数を書きましょう。 〔1もん 5点〕

① 3.8kg = [3] kg [800] g

② 6.2kg = ☐ kg ☐ g

③ 5.5kg = ☐ kg ☐ g

$$1800g = 1.8kg \qquad 3100g = 3.1kg$$

 □にあてはまる数を書きましょう。　〔1もん　5点〕

① 2600g = ⬚ kg　　② 4200g = ⬚ kg

③ 8500g = ⬚ kg　　④ 5300g = ⬚ kg

⑤ 1400g = ⬚ kg　　⑥ 3700g = ⬚ kg

⑦ 7900g = ⬚ kg　　⑧ 9100g = ⬚ kg

 □にあてはまる数を書きましょう。　〔1もん　5点〕

① 1500g は, 0.1kg の15こ分のおもさで, ⬚ kg です。

② 3900g は, 0.1kg の39こ分のおもさで, ⬚ kg です。

③ 6400g は, 0.1kg の64こ分のおもさで, ⬚ kg です。

35 小数と dL，mL①

おぼえよう

　1dLを10等分した1つ分のかさを0.1dLと書き，「れい点一デシリットル」と読みます。

$$0.1dL = 10mL$$

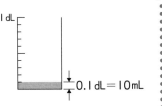

れい

| 0.2 dL = 20 mL | 0.6 dL = 60 mL |

1 □にあてはまる数を書きましょう。　　　〔1もん　5点〕

① 0.3 dL = □ mL　　② 0.9 dL = □ mL

③ 0.7 dL = □ mL　　④ 0.4 dL ー □ mL

⑤ 0.8 dL = □ mL　　⑥ 0.5 dL = □ mL

☆**2** □にあてはまる数を書きましょう。　　　〔1もん　5点〕

① 0.1 dL の2こ分のかさは □ mL です。

② 0.1 dL の7こ分のかさは □ mL です。

$$10\,mL = 0.1\,dL \qquad 80\,mL = 0.8\,dL$$

3 　□にあてはまる数を書きましょう。　　　〔1もん　5点〕

① 40mL = ☐ dL　　　② 30mL = ☐ dL

③ 70mL = ☐ dL　　　④ 50mL = ☐ dL

⑤ 80mL = ☐ dL　　　⑥ 20mL = ☐ dL

⑦ 90mL = ☐ dL　　　⑧ 60mL = ☐ dL

4 　□にあてはまる数を書きましょう。　　　〔1もん　5点〕

① 30mL は，0.1dL の 3 こ分のかさで，☐ dL です。

② 60mL は，0.1dL の 6 こ分のかさで，☐ dL です。

③ 40mL は，0.1dL の 4 こ分のかさで，☐ dL です。

④ 70mL は，0.1dL の 7 こ分のかさで，☐ dL です。

れい

$$1.2\,dL = 120\,mL \qquad 2.3\,dL = 230\,mL$$

□にあてはまる数を書きましょう。　　〔1もん　5点〕

① 1.7dL = ◻ mL　　　② 2.1dL = ◻ mL

③ 4.5dL = ◻ mL　　　④ 6.9dL = ◻ mL

⑤ 3.8dL = ◻ mL　　　⑥ 5.4dL = ◻ mL

☆

□にあてはまる数を書きましょう。　　〔1もん　5点〕

① 1.9dL は, 1dL と 90 mL をあわせたかさです。

② 4.6dL は, 4dL と ◻ mL をあわせたかさです。

③ 7.3dL は, 7dL と ◻ mL をあわせたかさです。

170mL = 1.7dL   340mL = 3.4dL

 3 □にあてはまる数を書きましょう。 〔1もん　5点〕

① 280mL = □ dL　　② 410mL = □ dL

③ 560mL = □ dL　　④ 390mL = □ dL

⑤ 750mL = □ dL　　⑥ 120mL = □ dL

⑦ 630mL = □ dL　　⑧ 770mL = □ dL

 4 □にあてはまる数を書きましょう。 〔1もん　5点〕

① 180mL は, 0.1dL の18こ分のかさで, □ dL です。

② 490mL は, 0.1dL の49こ分のかさで, □ dL です。

③ 520mL は, 0.1dL の52こ分のかさで, □ dL です。

小数と L，dL①

おぼえよう

　1Lを10等分した1つ分のかさを0.1Lと
書き，「れい点一リットル」と読みます。

$$0.1L ＝ 1dL$$

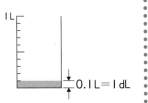

1L

0.1L＝1dL

れい

$$0.3L ＝ 3dL \qquad 0.8L ＝ 8dL$$

1　□にあてはまる数を書きましょう。　〔1もん　5点〕

① 0.2L ＝ ☐ dL　　② 0.7L ＝ ☐ dL

③ 0.4L ＝ ☐ dL　　④ 0.9L ＝ ☐ dL

⑤ 0.6L ＝ ☐ dL　　⑥ 0.5L ＝ ☐ dL

☆ **2**　□にあてはまる数を書きましょう。　〔1もん　5点〕

① 0.1Lの3こ分のかさは ☐ dL です。

② 0.1Lの7こ分のかさは ☐ dL です。

$$1\,dL = 0.1\,L \qquad 5\,dL = 0.5\,L$$

3 □にあてはまる数を書きましょう。　　　　　　〔1もん　5点〕

① 2dL = [　　　] L　　　　② 7dL = [　　　] L

③ 6dL = [　　　] L　　　　④ 9dL = [　　　] L

⑤ 4dL = [　　　] L　　　　⑥ 3dL = [　　　] L

⑦ 8dL = [　　　] L　　　　⑧ 5dL = [　　　] L

4 □にあてはまる数を書きましょう。　　　　　　〔1もん　5点〕

① 2dL は, 0.1L の 2 こ分のかさで, [　　　] L です。

② 8dL は, 0.1L の 8 こ分のかさで, [　　　] L です。

③ 3dL は, 0.1L の 3 こ分のかさで, [　　　] L です。

④ 6dL は, 0.1L の 6 こ分のかさで, [　　　] L です。

小数と L，dL ②

とく点

点

答え➡別冊9ページ

れい

$$1.4L = 14dL \qquad 3.1L = 31dL$$

1 □にあてはまる数を書きましょう。　〔1もん　4点〕

① 1.3L = □ dL

② 2.7L = □ dL

③ 4.9L = □ dL

④ 3.6L = □ dL

⑤ 6.2L = □ dL

⑥ 5.8L = □ dL

2 □にあてはまる数を書きましょう。　〔1もん　4点〕

① 4.5L = 4 L 5 dL

② 8.1L = □ L □ dL

③ 3.4L = □ L □ dL

④ 5.3L = □ L □ dL

⑤ 6.7L = □ L □ dL

⑥ 2.6L = □ L □ dL

$$12\,dL = 1.2\,L \qquad 25\,dL = 2.5\,L$$

3 □にあてはまる数を書きましょう。 〔1もん 5点〕

① 19dL = [ ] L

② 41dL = [ ] L

③ 57dL = [ ] L

④ 38dL = [ ] L

⑤ 62dL = [ ] L

⑥ 26dL = [ ] L

⑦ 78dL = [ ] L

⑧ 83dL = [ ] L

4 □にあてはまる数を書きましょう。 〔1もん 4点〕

① 63dL は, 0.1L の63こ分のかさで, [ ] L です。

② 35dL は, 0.1L の35こ分のかさで, [ ] L です。

③ 81dL は, 0.1L の81こ分のかさで, [ ] L です。

1 □にあてはまる数を書きましょう。 〔1もん 2点〕

① 0.6cm = [　　] mm

② 0.9cm = [　　] mm

③ 2.5cm = [　　] mm

④ 3.8cm = [　　] mm

⑤ 7mm = [　　] cm

⑥ 4mm = [　　] cm

⑦ 13mm = [　　] cm

⑧ 42mm = [　　] cm

⑨ 0.7m = [　　] cm

⑩ 5.4m = [　　] cm

⑪ 6.1m = [　　] cm

⑫ 10cm = [　　] m

⑬ 160cm = [　　] m

⑭ 780cm = [　　] m

2 □にあてはまる数を書きましょう。 〔1もん 3点〕

① 0.5kg = ◻ g

② 4.3kg = ◻ g

③ 300g = ◻ kg

④ 2900g = ◻ kg

3 □にあてはまる数を書きましょう。 〔1もん 5点〕

① 0.8dL = ◻ mL

② 1.3dL = ◻ mL

③ 7.5dL = ◻ mL

④ 30mL = ◻ dL

⑤ 470mL = ◻ dL

⑥ 920mL = ◻ dL

⑦ 0.1L = ◻ dL

⑧ 1.8L = ◻ dL

⑨ 3.3L = ◻ dL

⑩ 6dL = ◻ L

⑪ 24dL = ◻ L

⑫ 59dL = ◻ L

とく点

点

答え➡別冊9ページ

おぼえよう

・1分よりみじかい時間の
　たんいに**秒**があります。

・ストップウォッチの長いはりは
　60秒で1まわりします。

・みじかいはりは何分をさします。

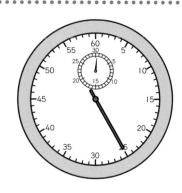

1 つぎのストップウォッチは，それぞれ何秒をあらわしていますか。

〔1もん　10点〕

①

（　1秒　）

②

（　　　　）

③

（　　　　）

④

（　　　　）

2 つぎのストップウォッチは, それぞれ何分何秒をあらわしていますか.

〔1もん　10点〕

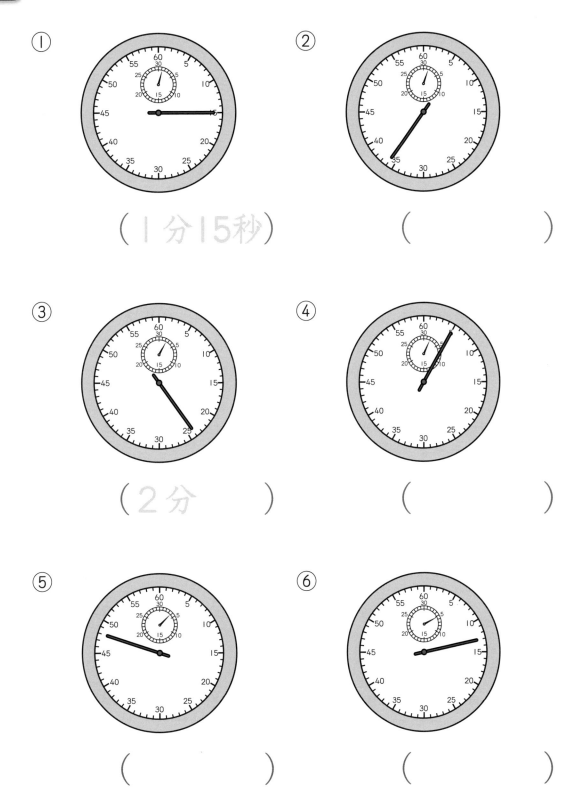

① （１分15秒）

② （　　　　　）

③ （２分　　　）

④ （　　　　　）

⑤ （　　　　　）

⑥ （　　　　　）

おぼえよう

秒しん(時計のいちばんはやくうごくはり)は1秒で1目もりすすみ，60秒でひとまわりします。

$$1分 = 60秒$$

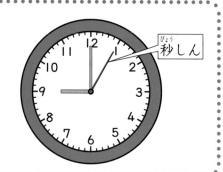

秒しん

れい

$$2分 = 120秒 \qquad 5分 = 300秒$$

1 □にあてはまる数を書きましょう。 〔1もん 5点〕

① 3分 = [180]秒

② 1分 = [　　]秒

③ 6分 = [　　]秒

④ 4分 = [　　]秒

⑤ 7分 = [　　]秒

⑥ 5分 = [　　]秒

⑦ 2分 = [　　]秒

⑧ 8分 = [　　]秒

⑨ 10分 = [　　]秒

⑩ 9分 = [　　]秒

$$60秒 = 1分 \qquad 180秒 = 3分$$

2 □にあてはまる数を書きましょう。　　　　〔1もん　3点〕

① 60秒 = □ 分　　　　② 120秒 = □ 分

③ 240秒 = □ 分　　　　④ 360秒 = □ 分

⑤ 300秒 = □ 分　　　　⑥ 420秒 = □ 分

3 □にあてはまる数を書きましょう。　　　　〔1もん　4点〕

① 2分 = □ 秒　　　　② 180秒 = □ 分

③ 600秒 = □ 分　　　　④ 5分 = □ 秒

⑤ 4分 = □ 秒　　　　⑥ 7分 = □ 秒

⑦ 540秒 = □ 分　　　　⑧ 480秒 = □ 分

42 分と秒②

とく点

点

答え➡別冊9ページ

れい

1分20秒 = 80秒	2分30秒 = 150秒

□にあてはまる数を書きましょう。　　　　〔1もん　3点〕

① 1分 = 60 秒　　　　② 1分10秒 = 70 秒

③ 1分30秒 = ☐ 秒　　　　④ 1分20秒 = ☐ 秒

⑤ 1分40秒 = ☐ 秒　　　　⑥ 2分 = 120 秒

⑦ 2分10秒 = 130 秒　　　　⑧ 2分20秒 = ☐ 秒

⑨ 2分40秒 = ☐ 秒　　　　⑩ 2分30秒 = ☐ 秒

☆⑪ 3分20秒 = ☐ 秒　　　　☆⑫ 3分50秒 = ☐ 秒

☆⑬ 4分10秒 = ☐ 秒　　　　☆⑭ 5分30秒 = ☐ 秒

れい

$$1分5秒 = 65秒 \qquad 1分32秒 = 92秒$$

2 □にあてはまる数を書きましょう。　　　　　　　〔1もん　3点〕

① 1分4秒 = □ 秒　　　　② 1分9秒 = □ 秒

③ 1分1秒 = □ 秒　　　　④ 1分7秒 = □ 秒

⑤ 1分3秒 = □ 秒　　　　⑥ 1分8秒 = □ 秒

3 □にあてはまる数を書きましょう。　　　　　　　〔1もん　5点〕

① 1分15秒 = □ 秒　　　　② 1分43秒 = □ 秒

③ 1分59秒 = □ 秒　　　　④ 2分36秒 = □ 秒

⑤ 2分22秒 = □ 秒　　　☆⑥ 3分2秒 = □ 秒

☆⑦ 3分31秒 = □ 秒　　　☆⑧ 4分17秒 = □ 秒

43 分と秒③

れい

$$80秒 = 1分20秒 \qquad 100秒 = 1分40秒$$

 □にあてはまる数を書きましょう。　　〔1もん　3点〕

① 90秒 = □分 □秒　　② 110秒 = □分 □秒

③ 70秒 = □分 □秒　　④ 80秒 = □分 □秒

⑤ 130秒 = 2分 □秒　　⑥ 160秒 = □分 □秒

⑦ 140秒 = □分 □秒　　⑧ 170秒 = □分 □秒

⑨ 130秒 = □分 □秒　　⑩ 150秒 = □分 □秒

☆⑪ 200秒 = □分 □秒　　⑫ 220秒 = □分 □秒

☆⑬ 190秒 = □分 □秒　　⑭ 210秒 = □分 □秒

$$63秒 = 1分3秒 \qquad 92秒 = 1分32秒$$

2 □にあてはまる数を書きましょう。 〔1もん 3点〕

① 61秒 = □分□秒   ② 68秒 = □分□秒

③ 65秒 = □分□秒   ④ 69秒 = □分□秒

⑤ 62秒 = □分□秒   ⑥ 64秒 = □分□秒

3 □にあてはまる数を書きましょう。 〔1もん 5点〕

① 75秒 = □分□秒   ② 89秒 = □分□秒

③ 102秒 = □分□秒   ④ 119秒 = □分□秒

⑤ 127秒 = 2分□秒   ⑥ 121秒 = □分□秒

⑦ 144秒 = □分□秒   ⑧ 203秒 = □分□秒

 時こくと時間⑤

◯分後

れい

20分後の時こく　　(７時40分)

50分後の時こく　　(８時10分)

1 時計の時こくを見て, [　　]の時こくを答えましょう。〔1もん　10点〕

①

[20分後]

(　　　　　　)

②

[50分後]

(　　　　　　)

③

[30分後]

(　　　　　　)

④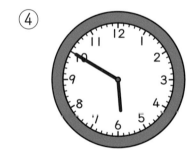

[40分後]

(　　　　　　)

2 時計の時こくを見て，[ ]の時こくを答えましょう。〔1もん　10点〕

①

[20分後]

(　　　　　　　)

②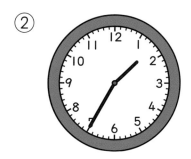

[30分後]

(　　　　　　　)

③

[50分後]

(　　　　　　　)

④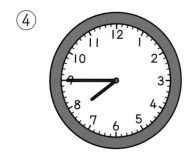

[40分後]

(　　　　　　　)

⑤

[50分後]

(　　　　　　　)

⑥

[40分後]

(　　　　　　　)

れい

20分前の時こく　　（10時20分）

50分前の時こく　　（ 9 時50分）

1 時計の時こくを見て，[　　]の時こくを答えましょう。〔1もん　10点〕

①

[20分前]

（　　　　　　　）　　（　　　　　　　）

②

[50分前]

③

[30分前]

（　　　　　　　）　　（　　　　　　　）

④

[40分前]

時計の時こくを見て，[ ]の時こくを答えましょう。〔1もん 10点〕

①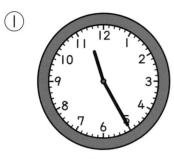

[20分前]

( )

②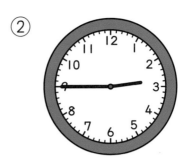

[20分前]

( )

③

[50分前]

( )

④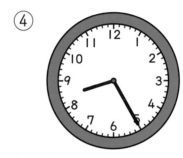

[40分前]

( )

⑤

[40分前]

( )

⑥

[40分前]

( )

1 つぎのストップウォッチは，それぞれ何秒をあらわしていますか。

〔1もん　2点〕

①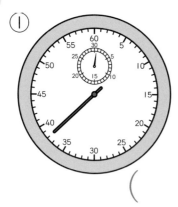

②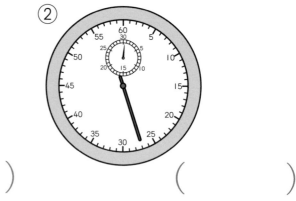

（　　　　　）　　　　　　　　（　　　　　）

2 時計の時こくを見て，[　　　]の時こくを答えましょう。〔1もん　4点〕

①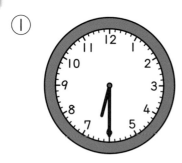

②

[30分後]　　　　　　　　　　[40分後]

（　　　　　）　　　　　　　　（　　　　　）

③

④

[40分前]　　　　　　　　　　[20分前]

（　　　　　）　　　　　　　　（　　　　　）

3 □にあてはまる数を書きましょう。　　　　　　〔1もん　5点〕

① 1分 = □ 秒

② 5分 = □ 秒

③ 8分 = □ 秒

④ 120秒 = □ 分

⑤ 420秒 = □ 分

⑥ 240秒 = □ 分

⑦ 1分40秒 = □ 秒

⑧ 3分10秒 = □ 秒

⑨ 1分2秒 = □ 秒

⑩ 1分28秒 = □ 秒

⑪ 2分31秒 = □ 秒

⑫ 130秒 = □ 分 □ 秒

⑬ 190秒 = □ 分 □ 秒

⑭ 66秒 = □ 分 □ 秒

⑮ 111秒 = □ 分 □ 秒

⑯ 125秒 = □ 分 □ 秒

47 円と球① 円①

とく点

点

答え➡別冊10ページ

おぼえよう

半径　半径　半径　中心

・1つの点から長さが同じになるようにかいたまるい形を, **円**といいます。
・円のまん中の点を円の**中心**, 中心から円のまわりまでひいた直線を**半径**といいます。
・1つの円では, 半径はみんな同じ長さです。

1 下の形の中で, 円はどれですか。 〔1つ　10点〕

あ　い　う　え

☐ , ☐

2 下の円を見て答えましょう。 〔1もん　20点〕

イ　ア

① アを何といいますか。

(　　　　)

② イを何といいますか。

(　　　　)

3 ☐にあてはまることばを書きましょう。 〔1もん　20点〕

① 円の中心から円のまわりまでひいた直線を ☐ といいます。

② 1つの円では, 半径はみんな ☐ 長さです。

90

おぼえよう

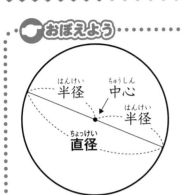

半径　中心　半径　直径

・円の中心を通って, 円のまわりからまわりまで ひいた直線を**直径**といいます。
・１つの円の直径の長さは, 半径の長さの２ばい です。

1 下の円を見て答えましょう。　〔1もん　20点〕

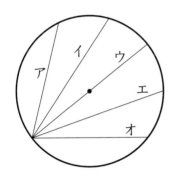

① 直径は, ア～オのどれですか。

（　　　　　）

② いちばん長い直線は, ア～オのどれですか。

（　　　　　）

2 □にあてはまることばを書きましょう。　〔1もん　15点〕

① 円の中心を通って, 円のまわりからまわりまでひいた直線を

[　　　　　]　といいます。

② １つの円の直径の長さは, [　　　　　]　の長さの２ばいです。

③ [　　　　　]　は, 円のまわりからまわりまでひいた直線の中で, いち

ばん長い直線です。

④ 円を [　　　　　]　で半分におると, ぴったりかさなります。

とく点

点

答え➡別冊10ページ

れい

半径が5cmの円の直径　　　　　　　半径が8cmの円の直径

（10cm）　　　　　　　　　　（16cm）

1 半径がつぎの長さの円の直径の長さをもとめましょう。　〔1もん　5点〕

① 1cm

（　　　　　）

② 2cm

（　　　　　）

③ 半径4cm

（　　　　　）

④ 半径9cm

（　　　　　）

⑤ 半径7cm

（　　　　　）

⑥ 半径6cm

（　　　　　）

⑦ 半径10cm

（　　　　　）

⑧ 半径15cm

（　　　　　）

⑨ 半径18cm

（　　　　　）

⑩ 半径20cm

（　　　　　）

直径が6cmの円の半径	直径が10cmの円の半径
(3 cm)	(5 cm)

2 直径がつぎの長さの円の半径の長さをもとめましょう。　〔1もん　5点〕

① 直径8cm

(　　　　　　)

② 直径20cm

(　　　　　　)

③ 直径4cm

(　　　　　　)

④ 直径16cm

(　　　　　　)

⑤ 直径24cm

(　　　　　　)

⑥ 直径30cm

(　　　　　　)

⑦ 直径2cm

(　　　　　　)

⑧ 直径14cm

(　　　　　　)

3 つぎのもんだいに答えましょう。　〔1もん　5点〕

① 直径が14cmの円と半径が8cmの円では，どちらのほうが大きいですか。

(　　　　　　　　　　　　　)

② 半径が9cmの円と直径が16cmの円では，どちらのほうが大きいですか。

(　　　　　　　　　　　　　)

れい

直径が2cmの円を下のようにならべました。

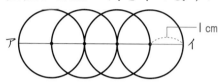

直線アイの長さ … (**5cm**)

1 直径が2cmの円を下のようにならべました。直線アイの長さは何cmですか。
〔1もん 5点〕

① ア ──────────── イ

( )

② ア ──────────── イ

( )

2 直径が4cmの円を下のようにならべました。直線アイの長さは何cmですか。
〔1もん 5点〕

① ア•───────•───────•イ

( )

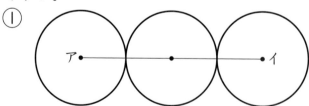

② ア•──────•──────•──────•イ

( )

下の図は，3つとも同じ大きさの円です。

16cm

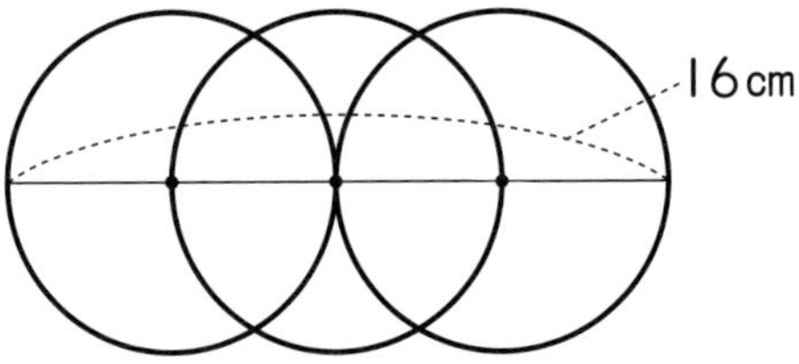

1つの円の直径…（ **8cm** ）

1つの円の半径…（ **4cm** ）

3 下の図は，3つとも同じ大きさの円です。1つの円の直径と半径の長さは何cmですか。 〔1つ　10点〕

① 12cm

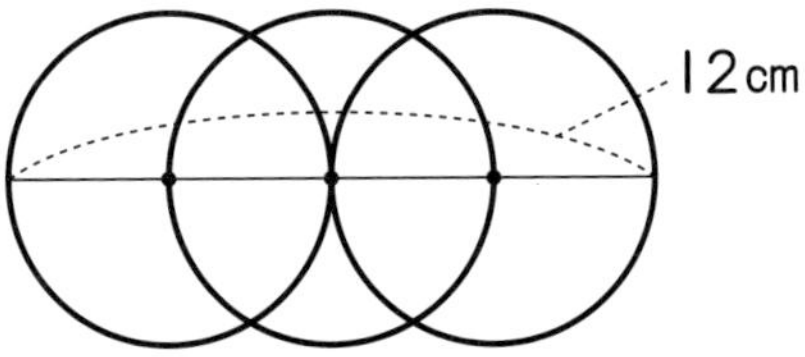

直径…（　　　　　　）

半径…（　　　　　　）

② 20cm

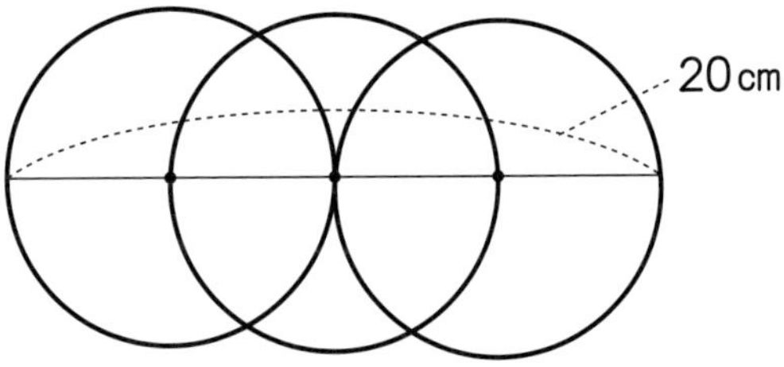

直径…（　　　　　　）

半径…（　　　　　　）

4 つぎのもんだいに答えましょう。 〔1つ　10点〕

① 右の図のように，直径が8cmの円の中に同じ大きさの小さい円が2つぴったり入っています。
小さい円の直径と半径は何cmですか。

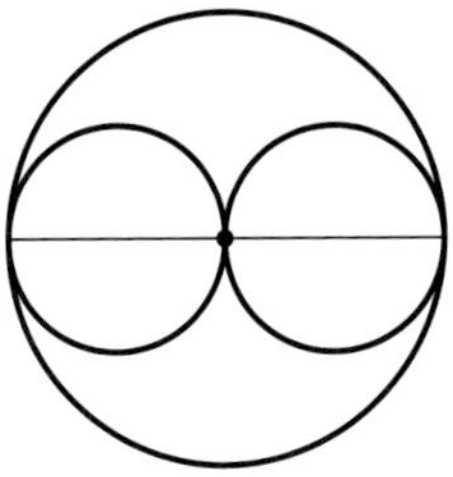

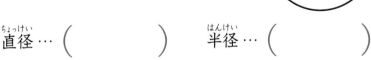

直径…（　　　　　　）　半径…（　　　　　　）

② 下の図のように，直径が24cmの円の中に同じ大きさの小さい円が3つぴったり入っています。
小さい円の直径と半径は何cmですか。

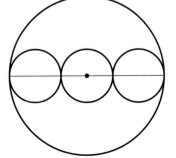

直径…（　　　　　　）

半径…（　　　　　　）

れい

右のように，正方形の中に半径3cmの円がぴったり入っています。

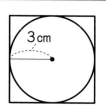

正方形の1辺の長さ

(6cm)

1 下のように，正方形の中に半径5cmの円がぴったり入っています。正方形の1辺の長さは何cmですか。　〔10点〕

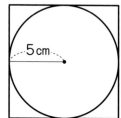

(　　　　　)

2 下のように，正方形の中に半径9cmの円がぴったり入っています。正方形の1辺の長さは何cmですか。　〔10点〕

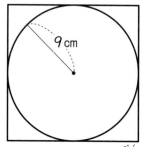

(　　　　　)

3 下のように，1辺の長さが20cmの正方形の中に円がぴったり入っています。この円の直径と半径は何cmですか。　〔1つ　10点〕

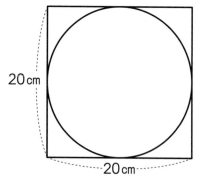

直径…(　　　　　)

半径…(　　　　　)

4 下のように，1辺の長さが10cmの正方形の中に，ぴったり入る円をかきます。半径を何cmにするとよいですか。 〔10点〕

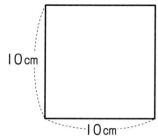

（　　　　　）

5 下の図で，小さい円の半径は3cmです。正方形の1辺の長さは何cmですか。 〔10点〕

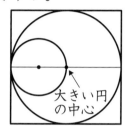

大きい円
の中心

（　　　　　）

6 下のように，長方形の中に，同じ大きさの3つの円がぴったり入っています。1つの円の直径は何cmですか。 〔10点〕

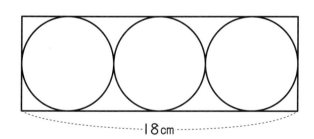

18cm

（　　　　　）

7 下のように，長方形の中に，同じ大きさの3つの円がぴったり入っています。この円の半径が5cmのとき，長方形のたてとよこの長さは，何cmですか。 〔1つ　15点〕

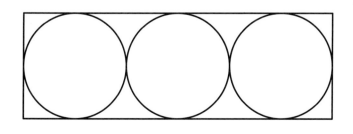

たて…（　　　　　）

よこ…（　　　　　）

🖌**おぼえよう**

円をかくどうぐに**コンパス**があります。

［円のかき方］

 ➡ ➡

半径の長さにひらく。　中心をきめて, はりをさす。　ひとまわりさせる。

1 つぎの円をかきましょう。　　　　　　　　　　　　　　〔1もん　15点〕

① 半径が1cm の円

② 半径が2cm の円

③ 半径が1cm 5mm の円

④ 半径が2cm 5mm の円

つぎの円をかきましょう。 〔1もん 20点〕

① 直径が8cmの円

② 直径が10cmの円

れい

下の直線を，左はしから4cmずつにくぎりましょう。

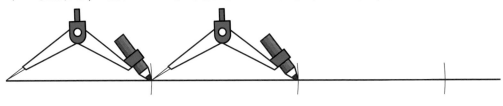

---

1 下の直線を，それぞれ左はしからくぎりましょう。 〔1もん 10点〕

① 左はしから2cmずつ

_____

② 左はしから3cmずつ

_____

③ 左はしから5cmずつ

_____

④ 左はしから3cm5mmずつ

_____

2 ⑦, ⑦のどちらが長いですか。コンパスで長さをうつしとってくらべましょう。

〔1もん 20点〕

① ⑦

⑦

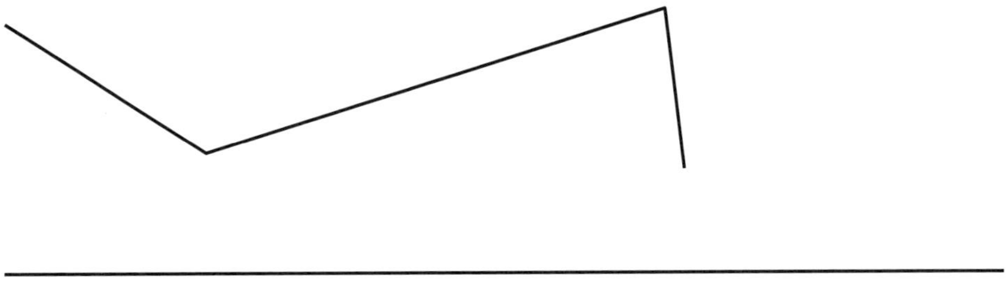

（　　　）

② ⑦

⑦

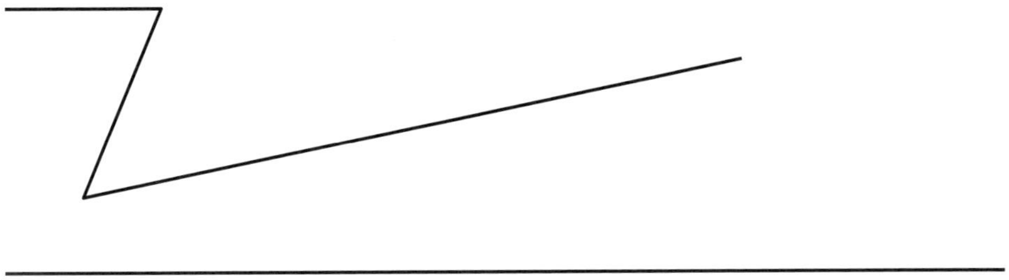

（　　　）

③ ⑦

⑦

（　　　）

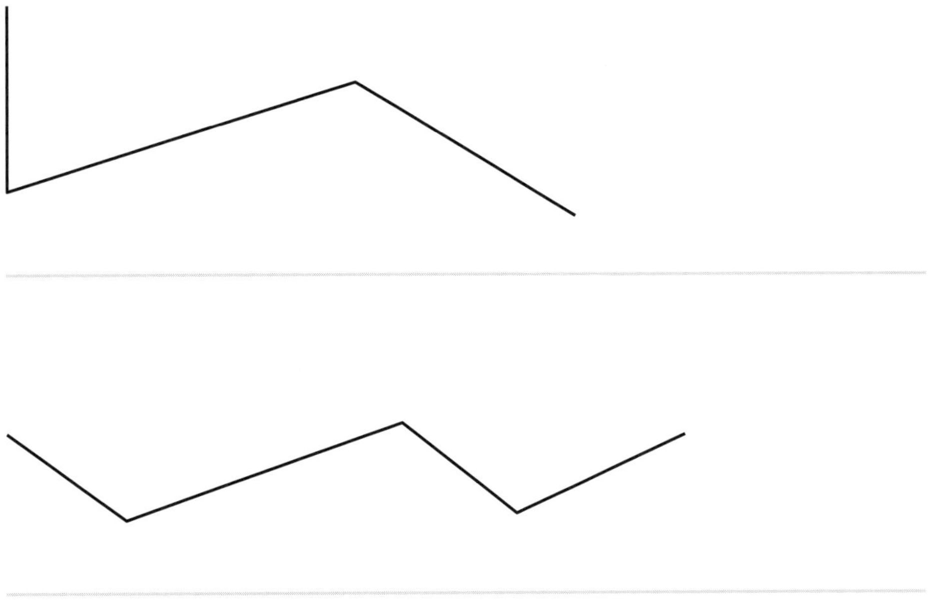

とく点

点

答え➡別冊12ページ

おぼえよう

・どこから見ても円に
見える形を**球**といい
ます。

・球を半分に切ったとき，
その切り口の円の中心，
半径，直径を，それぞれ
球の中心，半径，直径と
いいます。

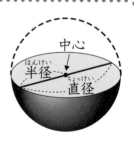

中心

半径

直径

---

1 □にあてはまることばや数を書きましょう。 〔1もん 6点〕

① どこから見ても円に見える形を □ といいます。

② 1つの球では，半径はみんな □ 長さです。

③ 1つの球の直径の長さは，半径の長さの □ ばいです。

2 つぎのもんだいに答えましょう。 〔1もん 8点〕

① 球を切った切り口は，どんな形をしていますか。

（　　　　　）

② ①で，切り口がいちばん大きいのは，どのように切ったときですか。

（　　　　　）

3 右の図は，球を半分に切った図です。つぎのもんだいに答えましょう。

〔1もん　6点〕

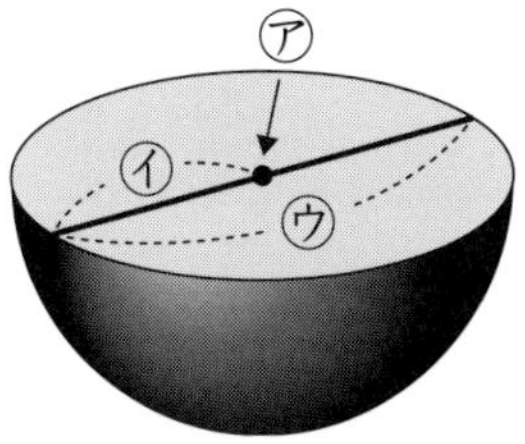

① ⑦を何といいますか。

（　　　　　　　）

② ④を何といいますか。

（　　　　　　　）

③ ⑦を何といいますか。

（　　　　　　　）

4 半径がつぎの長さの球の直径の長さをもとめましょう。　〔1もん　6点〕

① 半径4cm

（　　　　　　　）

② 半径7cm

（　　　　　　　）

③ 半径5cm

（　　　　　　　）

④ 半径11cm

（　　　　　　　）

5 直径がつぎの長さの球の半径の長さをもとめましょう。　〔1もん　6点〕

① 直径2cm

（　　　　　　　）

② 直径12cm

（　　　　　　　）

③ 直径30cm

（　　　　　　　）

④ 直径26cm

（　　　　　　　）

れい

下のようなはこに，同じ大きさのボールが2こぴったり入っています。

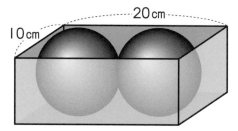

ボールの直径…（ 10cm ）

ボールの半径…（ 5cm ）

1 下のようなはこに，同じ大きさのボールが2こぴったり入っています。

〔1もん　10点〕

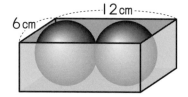

① ボールの直径は何cmですか。

（　　　　　）

② ボールの半径は何cmですか。

（　　　　　）

2 下のように，つつの中に同じ大きさのボールが3こぴったり入っています。

〔1もん　10点〕

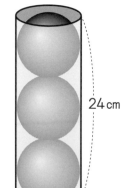

24cm

① ボールの直径は何cmですか。

（　　　　　）

② ボールの半径は何cmですか。

（　　　　　）

3 下のように, 半径4cmのボールが3こぴったり入っているはこがあ
ります。　　　　　　　　　　　　　　　　　　　　　　〔1もん　10点〕

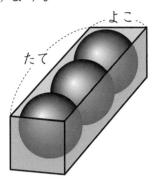

① はこのたての長さは何cmですか。

（　　　　　）

② はこのよこの長さは何cmですか。

（　　　　　）

4 下のようなはこに, 同じ大きさのボールが6こぴったり入っています。
　　　　　　　　　　　　　　　　　　　　　　　　　　〔1もん　10点〕

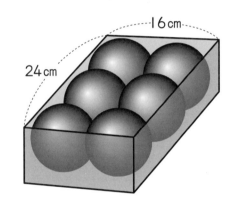

① ボールの直径は何cmですか。

（　　　　　）

② ボールの半径は何cmですか。

（　　　　　）

5 下のように, 半径2cmのボールが8こぴったり入っているはこがあ
ります。　　　　　　　　　　　　　　　　　　　　　　〔1もん　10点〕

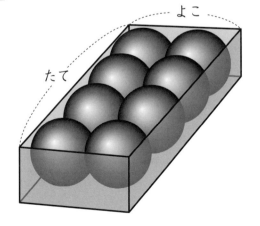

① はこのたての長さは何cmですか。

（　　　　　）

② はこのよこの長さは何cmですか。

（　　　　　）

1 □にあてはまることばや数を書きましょう。　〔1もん　6点〕

① 1つの点から長さが同じになるようにかいたまるい形を，　□　といいます。

② 円の直径の長さは，半径の長さの　□　ばいです。

③ 1つの円に直径は数かぎりなくあり，長さは　□　です。

④ 円の形をした紙を，ぴったりかさなるように2回おってできた，2本のおり目の交わったところが，円の　□　になります。

⑤ 球は，どこから見ても，　□　に見えます。

2 半径がつぎの長さの円の直径の長さをもとめましょう。　〔1もん　6点〕

① 半径3cm

② 半径11cm

（　　　　　）

（　　　　　）

③ 半径16cm

④ 半径25cm

（　　　　　）

（　　　　　）

3 直径がつぎの長さの円の半径の長さを求めましょう。　　　〔1もん　6点〕

① 直径 12cm

（　　　　　）

② 直径 40cm

（　　　　　）

③ 直径 18cm

（　　　　　）

④ 直径 34cm

（　　　　　）

4 直径が6cmの円を下のようにならべました。直線アイの長さは何cm
ですか。　　　〔1もん　6点〕

①

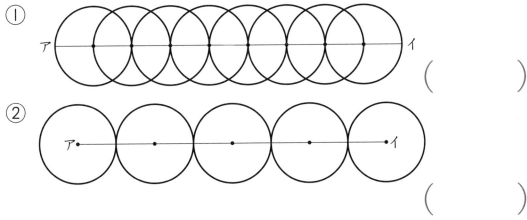

（　　　　　）

②

（　　　　　）

5 下のようなはこに, 同じ大きさのボールが6こぴったり入っています。
〔1もん　5点〕

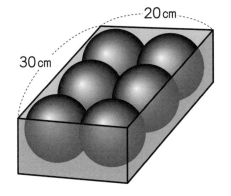

20cm

30cm

① ボールの直径は何cmですか。

（　　　　　）

② ボールの半径は何cmですか。

（　　　　　）

おぼえよう

2つの辺の長さが等しい三角形を**二等辺三角形**といいます。

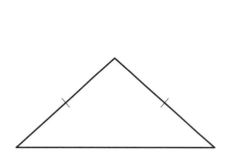

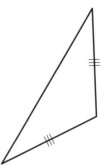

——+——，——++——，——+++——は，辺の長さが等しいことをあらわすしるしです。

1 下の三角形の名前を書きましょう。 〔1もん 5点〕

①

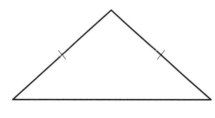

（　　　　　　　　）

②

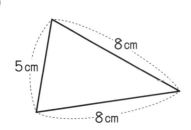

5cm
8cm
8cm

（　　　　　　　　）

2 下の三角形を見て答えましょう。

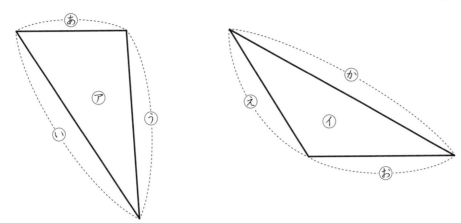

① 上の三角形の⑥〜⑰の辺の長さをはかりましょう。

⑥ (   )   ⓘ (   )   ⓤ (   )

ⓔ (   )   ⓞ (   )   ⓚ (   )

② ⑦, ⑦のうち, 二等辺三角形はどちらですか。

(   )

3 下の⑦〜⑨の三角形の中から, 二等辺三角形をぜんぶ見つけましょう。

〔20点〕

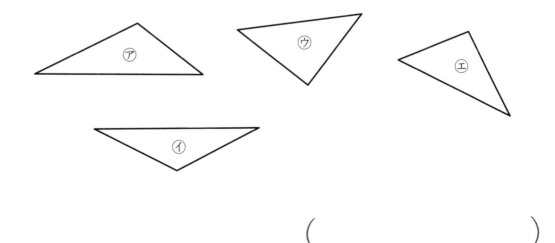

(   )

58 三角形と角② 正三角形

おぼえよう

３つの辺の長さが等しい三角形を **正三角形** といいます。

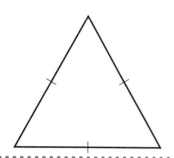 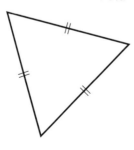 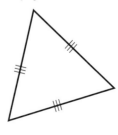

1 下の三角形の名前を書きましょう。 〔1もん 5点〕

①
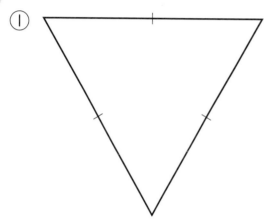

（　　　　　　　）

②
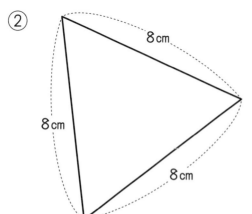

8cm

8cm

8cm

（　　　　　　　）

2 下の三角形を見て答えましょう。 〔1つ 10点〕

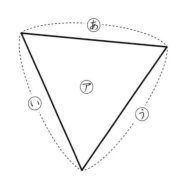
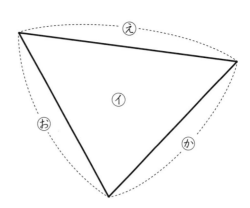

① 上の三角形の⑩～⑰の辺の長さをはかりましょう。

⑩ (　　　　　)　　⑪ (　　　　　)　　⑫ (　　　　　)

⑬ (　　　　　)　　⑭ (　　　　　)　　⑰ (　　　　　)

② ⑦, ⑦のうち, 正三角形はどちらですか。

(　　　　　)

3 下の⑦～⑦の三角形の中から, 正三角形をぜんぶ見つけましょう。

〔20点〕

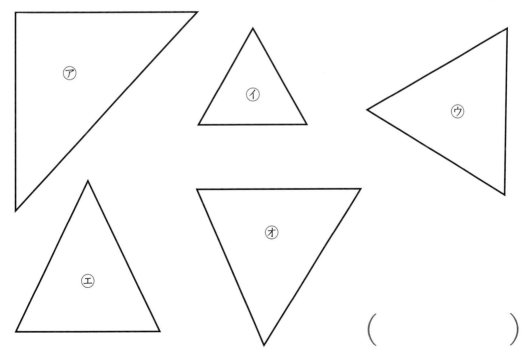

(　　　　　)

📖 おぼえよう

[辺の長さが4cm，5cm，5cmの二等辺三角形のかき方]

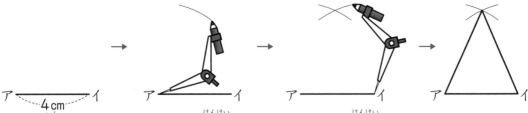

ア――4cm――イ
4cmの辺をかく。

ア―――イ
アを中心に，半径
5cmの円のいち
ぶをかく。

ア―――イ
イを中心に，半径
5cmの円のいち
ぶをかく。

ア―――イ
円のいちぶが交わ
った点とアとイを
それぞれむすぶ。

1 つぎの二等辺三角形をかきましょう。

〔1もん　50点〕

① 辺の長さが5cm，7cm，7cm
の二等辺三角形

② 辺の長さが4cm，8cm，8cm
の二等辺三角形

正三角形のかき方

 **おぼえよう**

[１辺の長さが３cm の正三角形のかき方]

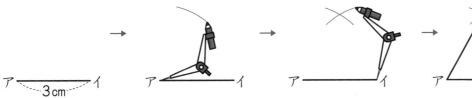

ア 3cm イ
３cm の辺をかく。

ア イ
アを中心に, 半径３cm の円のいちぶをかく。

ア イ
イを中心に, 半径３cm の円のいちぶをかく。

ア イ
円のいちぶが交わった点とアとイをそれぞれむすぶ。

1 つぎの正三角形をかきましょう。 〔1もん 50点〕

① １辺の長さが４cm の正三角形

② １辺の長さが６cm の正三角形

れい

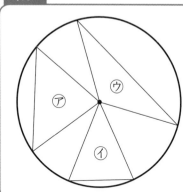

⑦の三角形 … （ 二等辺三角形 ）

⑦の三角形 … （ 二等辺三角形 ）

⑦の三角形 … （ 二等辺三角形 ）

1 ⑦，⑦の三角形は，半径2cmの円をつかってかいたものです。

〔1もん　15点〕

① ⑦の三角形の名前を書きましょう。

（　　　　　　　　）

② ⑦の三角形の名前を書きましょう。

（　　　　　　　　）

2 下の半径3cmの円をつかって，辺の長さが3cm，3cm，5cmの二等辺三角形をかきましょう。 〔20点〕

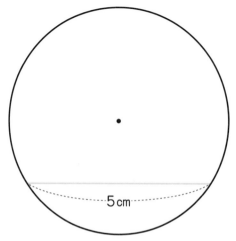

5cm

れい

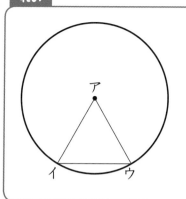

半径2cmの円をつかって正三角形をかきます。
辺イウの長さを何cmにすればよいですか。

辺アイ, アウは半径
だから2cmだね。

(2 cm)

3 □にあてはまることばや数を書きましょう。 〔1つ 10点〕

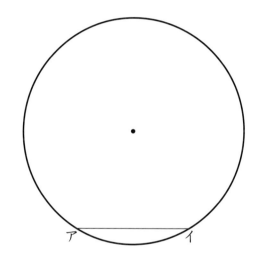

左の図は, 半径3cmの円です。
この円をつかって, 1辺が3cm
の正三角形をかきます。

辺アイの長さを **半径** と

同じ □ cmにしてかき, 円の

□ と点ア, イをそれぞ

れむすびます。

4 下の半径3cm5mmの円をつかって, 1辺の長さが3cm5mmの正三角
形をかきましょう。 〔20点〕

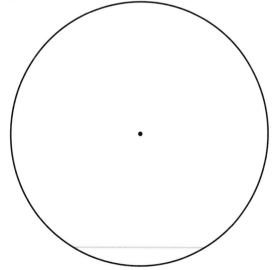

> **おぼえよう**
> ・1つのちょう点から出ている2つの
>   辺がつくる形を**角**といいます。
> ・角をつくっている辺のひらきぐあい
>   を**角の大きさ**といいます。

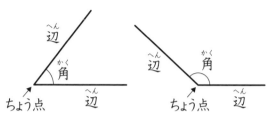

1 □にあてはまることばを書きましょう。 〔1もん 10点〕

① 1つのちょう点から出ている2つの辺がつくる形を □ といいます。

② 角をつくっている辺のひらきぐあいを, 角の □ といいます。

③ 角の大きさは, 角をつくる2つの □ のひらきぐあいでくらべます。

2 直角は, ⑦〜⓪のどれですか。 〔10点〕

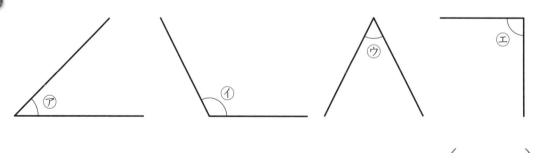

( )

3 下の図は，角をあらわしています。⑥〜②にあてはまることばを書きましょう。 〔1つ 10点〕

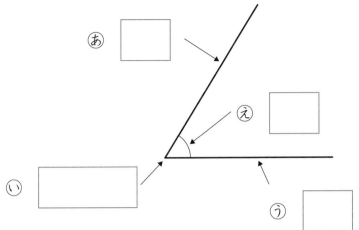

4 下の角の大きさをくらべて，小さいじゅんに書きましょう。（うす紙をあてて角をうつしとってしらべてみましょう。） 〔10点〕

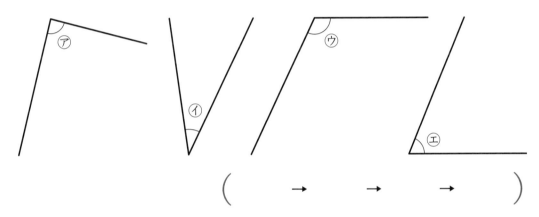

(　→　　　→　　　→　　　)

5 下の角の大きさをくらべて，大きいじゅんに書きましょう。 〔10点〕

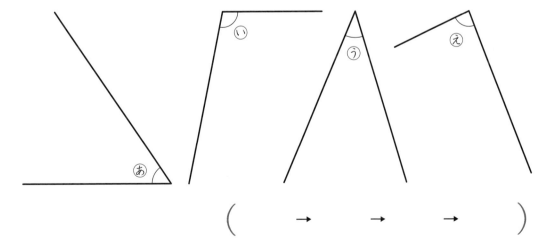

(　→　　　→　　　→　　　)

63 二等辺三角形と角

とく点

点

答え➡別冊14ページ

おぼえよう

・二等辺三角形では，２つの角の大きさが等しくなっています。

・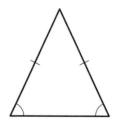，のしるしは，角の大きさが等しいことをあらわします。

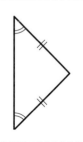

1 □にあてはまる数を書きましょう。 〔1もん 25点〕

① 二等辺三角形では，□つの辺の長さが等しくなっています。

② 二等辺三角形では，□つの角の大きさが等しくなっています。

2 下の二等辺三角形を見て答えましょう。 〔1もん 25点〕

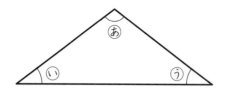

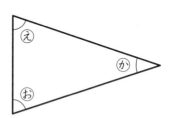

① いの角と大きさが等しい角はどれですか。

（　　）

② おの角と大きさが等しい角はどれですか。

（　　）

64 正三角形と角

とく点

点

答え➡別冊14ページ

おぼえよう

正三角形では，3つの角の大きさが
みんな等しくなっています。

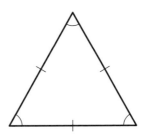
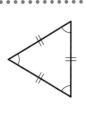

1 □にあてはまる数を書きましょう。　〔1もん　25点〕

① 正三角形では，□つの辺の長さが等しくなっています。

② 正三角形では，□つの角の大きさが等しくなっています。

2 下の正三角形を見て答えましょう。　〔1もん　25点〕

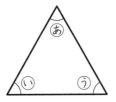

① あの角と大きさが等しい角はどれですか。

（　　　　　）

② うの角と大きさが等しい角はどれですか。

（　　　　　）

三角じょうぎと三角形

 **おぼえよう**

角の大きさは，辺の長さにかんけいなく，辺のひらきぐあいできまります。

 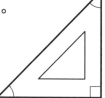 

学校でつかわれている大きな三角じょうぎと，自分がつかっている小さな三角じょうぎの角の大きさは，それぞれ等しくなっています。

 1 下の三角じょうぎを見て答えましょう。　　　〔1もん　10点〕

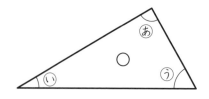 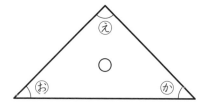

① 直角になっている角はどれですか。

（　　　　）

② かの角と等しい角はどれですか。

（　　　　）

③ いの角とおの角では，どちらが大きいですか。

（　　　　）

2 下の図のように，三角じょうぎを2まいならべると，それぞれ何という三角形ができますか。　〔1もん　10点〕

①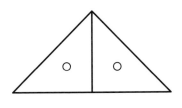

　（二等辺　　　　　）

②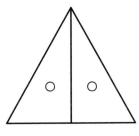

　（　　　　　　　　　）

③

　（　　　　　　　　　）

3 下の三角じょうぎを2まいつかって，長方形と正方形をつくります。どのようにならべればよいですか。下の図にかきましょう。〔1もん　20点〕

① 長方形　　　　　　　　　② 正方形

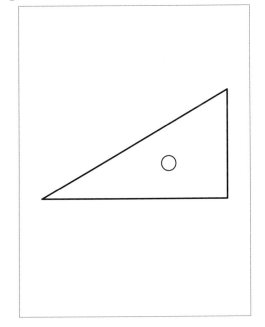

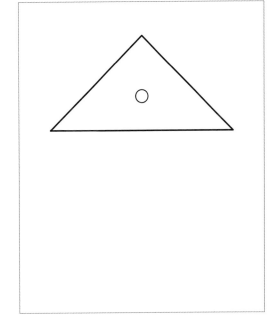

66 まとめ

1 □にあてはまる三角形の名前を書きましょう。 〔1つ 7点〕

2つの辺の長さが等しい三角形を、　　　　　　　　　　といい、

3つの辺の長さが等しい三角形を、　　　　　　　　　　といいます。

2 つぎの三角形をかきましょう。 〔1もん 7点〕

① 辺の長さが5cm、4cm、
4cmの二等辺三角形

② 辺の長さが4cm、3cm、
3cmの二等辺三角形

③ 1辺の長さが3cmの
正三角形

④ 1辺の長さが4cm5mmの
正三角形

3 ⑦, ⑦の三角形は, 半径2cm5mmの円をつかってかいたものです。

〔1もん　7点〕

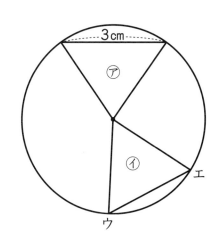

① ⑦の三角形の名前を書きましょう。

（　　　　　　　　）

② ⑦は正三角形です。辺ウエの長さをもとめましょう。

（　　　　　　　）

4 下の三角形の中から, 二等辺三角形と正三角形をえらびましょう。

〔1つ　7点〕

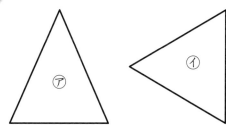  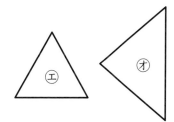

二等辺三角形 … 　　　　正三角形 …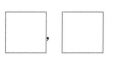

5 右の図のように, 長方形の紙を2つにおって点線のところで切ります。

〔1もん　8点〕

① 広げた形は, 何という三角形になりますか。

（　　　　　　　　　　　）

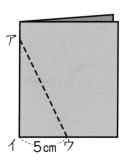

② 広げた形が正三角形になるのは, アウが何cmのときですか。

（　　　　）

１ つぎのまきじゃくで，ア〜エの目もりを読みましょう。 〔1つ 7点〕

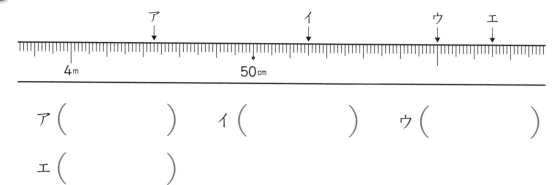

ア（　　　　　） イ（　　　　　） ウ（　　　　　）

エ（　　　　　）

２ はかりのはりがさしているおもさを書きましょう。 〔1もん 7点〕

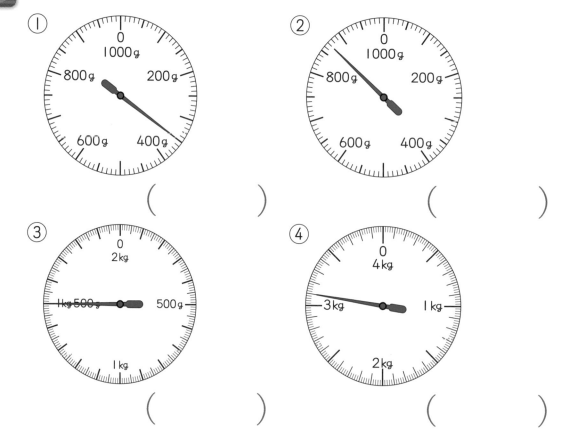

① （　　　　　） ② （　　　　　）

③ （　　　　　） ④ （　　　　　）

3 つぎのストップウォッチは，それぞれ何秒をあらわしていますか。

〔1もん 7点〕

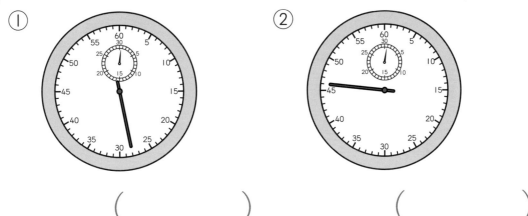

① (　　　　　)　　② (　　　　　)

4 つぎの円と三角形をかきましょう。

〔1もん 8点〕

① 直径が6cmの円

② 1辺の長さが5cmの正三角形

5 □にあてはまる数を書きましょう。

〔1もん 7点〕

① 1.7は，1と □ をあわせた数です。

② 1.7は，0.1を □ こあつめた数です。

とく点

点

答え➡別冊16ページ

1 □にあてはまる数を書きましょう。　　　　　〔1もん　3点〕

① 2km = [　　　　] m

② 5000m = [　　] km

③ 1km100m = [　　　　] m

④ 2km9m = [　　　　] m

⑤ 3400m = [　] km [　　] m

⑥ 7002m = [　] km [　] m

2 □にあてはまる数を書きましょう。　　　　　〔1もん　3点〕

① 4kg = [　　　　] g

② 2000g = [　　] kg

③ 3kg8g = [　　　　] g

④ 1090g − [　] kg [　] g

⑤ 7t = [　　　] kg

⑥ 9000kg = [　] t